青少年自然科普丛书

海 洋 奥 秘

方国荣　主编

台海出版社

图书在版编目（CIP）数据

海洋奥秘 / 方国荣主编. —北京：台海出版社，
2013. 7
（大自然科普丛书）
ISBN 978-7-5168-0192-5

Ⅰ. ①海…Ⅲ. ①方…Ⅲ. ①海洋—青年读物
②海洋—少年读物 Ⅳ. ①P7-49

中国版本图书馆CIP数据核字（2013）第130487号

海洋奥秘

主　　编：方国荣

责任编辑：孙铁楠
装帧设计： 视界创意　　　　版式设计：钟雪亮
责任校对：秦凡洛　　　　　　责任印制：蔡　旭

出版发行：台海出版社
地　　址：北京市朝阳区劲松南路1号，　邮政编码：　100021
电　　话：010—64041652（发行，邮购）
传　　真：010—84045799（总编室）
网　　址：www.taimeng.org.cn/thcbs/default.htm
E-mail：thcbs@126.com

经　　销：全国各地新华书店
印　　刷：北京一鑫印务有限公司
本书如有破损、缺页、装订错误，请与本社联系调换

开　　本：710×1000　　　1/16
字　　数：173千字　　　　　　印　　张：11
版　　次：2013年7月第1版　　印　　次：2021年6月第3次印刷
书　　号：ISBN 978-7-5168-0192-5

定价：28.00元

目 录 MU LU

爱我海洋

我们只有一个地球

方国荣

巨人安泰是古希腊神话中一个战无不胜的英雄，他是人类征服自然的力量象征。

然而，作为海神波塞冬和地神盖娅的儿子，安泰战无不胜的秘诀在于：只要他不离开大地——母亲，他就能汲取无尽的能量而所向无敌。

安泰的秘密被另一位英雄赫拉克勒斯察觉了。赫拉克勒斯将他举离地面时，安泰失去了母亲的庇护，立刻变得软弱无力，最终走向失败和灭亡。

安泰是人类的象征，地球是母亲的象征。人类离不开地球，就如鱼儿离不开水一样。

人类所生存的地球，是由土地、空气、水、动植物和微生物组成的自然世界。这个世界比人类出现要早几十亿年，人类后来成为其中的一个组成部分；并通过文明进程征服了自然世界，成为自然的主人。

近代工业化创造了人类的高度物质文明。然而，安泰的悲剧又出现了：工业污染，动物濒灭，森林砍伐，水土流失，人口倍增，资源贫竭，粮食危机……地球母亲不堪重负，人类的生存环境遭到人类自身严重的破坏。

人类曾努力依靠文明来摆脱对地球母亲的依赖。人造卫星、航天飞机上天，使向月亮和其他星球"移民"成为可能；对宇宙的探索和征服使人类能够寻找除地球以外的生存空间，几千年的神话开始走向现实。

然而，对于广袤无际的宇宙和大自然来说，智慧的人类家族仍然是幼稚的——人类五千年的文明成果对宇宙时空来说只是沧海一粟。任何成功的旅程都始于足下——人类仍然无法脱离大地母亲的庇护。

美国科学家通过"生物圈二号"的实验企图建立起一个模拟地球生态的人工生物圈，使脱离地球后的人类能到宇宙中去生存。然而，美好理想失败了，就目前的人类科技而言，地球生物圈无法人工再造。

英雄失败后最大的收获是"反思"。舍近求远不是唯一的出路，我们何不珍惜我们现在的生存空间，爱我地球、爱我母亲、爱我大自然，使她变得更美丽呢？

这使人类更清晰地认识到：人类虽然主宰着地球，同时更依赖着地球与地球万物的共存；如果人类破坏了大自然的生态平衡，将会受到大自然的惩罚。

青少年是明天的主人、世界的主人，21世纪是科学、文明、人与自然取得和谐平衡的世纪。保护自然、保护环境、保护人类家园是每个青少年义不容辞的职责。

"青少年自然科普丛书"是一套引人入胜的自然百科和环境保护读物，融知识性和趣味性于一炉。你将随着这套丛书遨游太空和地球，遨游海洋和山川，遨游动物天地和植物世界；大至无际的天体，小至微观的细菌——使你从中学到丰富的自然常识、生态环境知识；使你了解人与自然的关系，建立起环境保护的意识，从而激发起你对大自然、对人类本身的进一步关心。

◎ 漫话海洋 ◎

　　宇航员在太空观看地球，她是最美丽的星球。她的美丽在于充满生机的水。

　　占地球表面三分之二还要多的海洋，给地球带来了太阳系惟一已知的生命现象……

从"沧海桑田"说起

东晋炼丹家葛洪，酷爱神仙导养之术。他写过一本《神仙传》的书，书中说有个叫王远的人，就住在东海县。有一天，王远遇见了麻姑。麻姑是海上神仙，王远有幸见到麻姑大仙，那真不知有多高兴。麻姑告诉王远。她曾三次见过东海变成桑田，说蓬莱之水比过去浅多了。

这就是"沧海桑田"典故的最早出处。从此，一代一代往下传，用它做成语，比喻世事变化之大。神话里的"神仙"能活百把千年，我们一生不过八九十年。这在宇宙史上只是短暂的一瞬，别说三次，一次也见不上。但沧海能变桑田，桑田也能变沧海，这倒是客观存在的事实。其实，神话所反映的，正是人类几代、几十代人对自然认识的积累。

北宋著名科学家沈括，在《梦溪笔谈》里写过这么一件事：有一次，他经过太行山一带，在山崖上发现许多蚌壳和卵石。这里距离东海有千来里，怎么海里的蚌壳爬到这么远的高山上来了呢?可见昔日的东海就在这里，今天之所以成了陆地，是砂石浊泥把海填平了。

沈括有此发现，且作了一番解释，这在科学技术不很发达的古代，是非常了不起的。

按现代人看问题的方法，这种变化可以追溯到六亿年以前。原来，我国长江流域广大地区曾是一个大海，叫古扬子海。这个大海至少有三亿六千万年历史了。根据这个地区沉积岩及其动植物化石分析。当时气候温暖。海洋生物繁殖极快。动物死后的骨骼堆积在海底。形成很厚一层碳钙沉积，就是今日陆地上数千米厚的石灰岩。大海东面直通太平洋，西面与印度相连。

海底沉岩中贮存了丰富的磷、铁、锰、钒、铀等，还有丰富的石油和天然气。两亿四千万年前，地壳上升，海水退去，古扬子海便消失了。海底上升，花岗岩浆侵入上来，带来了铁、铜、铅、锌、锑、金和汞等金属矿床。难怪长江流域这么富庶，原来这富庶的根子，几亿年就扎下来了。

你知道吗?我国东南边缘有渤海、黄海、东海、南海四个大海，以南海最深，总面积360万平方公里，平均深度1000米，中部更深，有3600米，有一个海沟5567米，就是把全国闻名的南岳填进去不及它的1/3呢。可是这么深的大海，过去曾是一块陆地。

我国长江流域以南大片陆地和现在马来西亚、印度尼西亚原是连在一起的。后来发生了一次大地壳运动，才形成现在这样一个局面。

我国喜马拉雅山有世界屋脊之称，全长2500多公里，宽300多公里，平均海拔6000米，谁能想到它是海底升起来的呢?珠穆朗玛峰海拔8800多米，那地球之巅。再没有比它还高的山了。人们就在那距天一步之远的顶端，找到了海底碎泥沙沉形成的岩石，还发现了生活在浅海区的动植物的化石，如三叶虫、腕足类、舌羊齿、海藻等。

1960年，我国登山运动员在希夏邦马峰发现了鱼龙化石。鱼龙是一种巨大的海洋动物，体长达十多米，如果不是沧桑之变，无论鱼怎么凶猛，怎么善游，也不可能攀登到这海拔8000米的高峰上来。而且南海至今还在加深，喜马拉雅山至今还在升高，只是进行得十分缓缓。人们感觉不出来罢了。

沧海变桑田的原因还不只是地壳运动，气候变化也能导致沧桑变化。比如发生在200万年前的第四纪冰期，气候变冷，大量海水凝固成冰，像南极的冰山，全世界各地都有，海面下降，浅水区都成了陆地，这就是"冰期"。冰期过后，气候，冰雪融化，海面又升高，许多陆地又成了海洋，这就是"间冰期"。

距今15000年前，世界陆地面积比现在大得多，英伦三岛和欧洲连在一起，日本列岛与中国大陆彼此相接。渤海、黄海、东海的大部分则是荒草遍野，耐寒的禽兽出没其间。距今12000年前气温回升，冰雪融化，海水涨到接近现在海面的位置。这冰期与间冰期的变换，就这样改变了海陆分布的轮廓。

古人对"水"和"陆"的认识

《圣经》上说，早先的世界，浑浑噩噩的，暗天无光，昼夜不辨，上帝很不高兴，大声吆喝："要有光!"于是就有了光明，这便是白天，是世界上第一个白天。

第二天，上帝在光亮中一看，"啊呀，这像什么话!这么一个世界，天上地下都是水，应该把水分隔开来。"于是，水往下落，天往上升，在上的是天，在下的是水，天水相接，倒也美丽。

第三天，上帝仍不高兴。这大千世界，应该丰富多彩，怎么能让水占满全球?于是水上出现了陆洲。陆洲上长出树木花草。

第四天，上帝请来了太阳、月亮和星星，白天太阳照明，晚上月亮作灯。

第五天，上帝更忙了，为天空造出了飞禽，为海洋造出了鱼鳖，为陆地造出了野兽和牲畜。

第六天，上帝望着自己的精心制作，会心地笑了："天地万物，俱已齐备，我该休息了。"

上帝创造世界，上帝创造了人类，上帝创造了一切，一切归功于上帝，这便是虔诚的基督信徒对世界起源的认识，他们把这一天叫做圣日，圣日是上帝安息的日子，又叫安息日。从此，大家就在这一天停止工作，去礼拜上帝，就叫礼拜天。

上帝创世之说，就跟俄罗斯人说"大地驮在三只巨大的鲸鱼背上，而鲸鱼则游在海洋上"一样离奇，现代人当然不会相信。但是对于科学不发达的古代，作某些想象外国有，中国也有。中国的说法则更加有趣。

在最古的年代里，水神共工与黄帝的子孙颛顼争做天下霸主，大动干戈，打起仗来了。共工兴风作浪，长于水战。他带领部下，乘着木筏向盘踞地的颛顼进攻。颛顼佯装败退，引共工登陆。共工性情暴烈，有勇少谋，抛弃木筏，穷追不舍。忽然间颛顼转过头来，把共工杀得惨败。恼羞成怒的共工，猛地向不周山撞去。竟把支撑天穹的四根大柱子撞倒了，把吊系在地的四根绳索弄断了。霎时间，电闪雷鸣，天崩地裂，世界竟改变了模样：天穹往西倾斜，大地朝东南陷落。那天河里的水，山沟里的水，大河小溪里的水……全流进这个陷落的地方。从此，一片汪洋大海，便在我国东南方出现了。

然而。"上帝创世"也好，"水神作乱"也罢，毕竟都不是现实。随着生产的发展，科学技术的进步，关于海洋的形成，又出现了各种各样的科学假设说。

"火球冷缩"和"冷球变热"

解释海洋的形成，最早抛弃带有迷信色彩传说的是法国人鲍蒙。1852年，他提出一种假说，地球是从太阳爆炸分裂出来的，最初的地球是一个火球，同太阳一样发热发光。后来热量散失，逐渐冷却，外面便结成一层硬壳，里面继续冷却，根据热胀冷缩的原理，冷缩的部分便有了空隙，在重力作用下，地壳便大规模的下陷，下陷的速度，极不规则，形成地壳的褶皱。

这一假设说，把地球比作一个干透的苹果，随着果肉的干缩，果皮就发生皱缩，有的地方凸出。地球内部是熔岩，在重力的作用下，不时寻找裂缝涌出来，便引起火山和地震。随着火山从深处迸出的熔岩，在地壳上缓缓流动，又把裂缝填平填满。就这样地壳一层一层加厚。地壳的变厚，有力阻止了地球深处熔岩的迸出，火山活动也就逐渐减少，地球表面轮廓也就基本固定下来，高耸的部分便是陆地，低陷的部分便是海洋。

这种火球冷缩成海之说，不再是纯粹的想象和神话，而明显有着相当程度的科学见解，因而得到许多人的拥护，在19世纪下半叶至20世纪初期，地质学界一直将它奉为经典。

但是，用冷缩说解释山脉的凸起，海洋的形成，并把它比作苹果同果肉干缩而发生褶皱，毕竟有些牵强附会。把复杂问题简单化，初听起来，饶有兴趣；如深究下去，则矛盾百出。不合情理，难道8000多米高的高峰和1万多米深的海底，也是冷缩形成的吗?地壳冷缩固定以后，又为什么还有沧桑之变?喜马拉雅山为什么可以从海底升起来?

鲍蒙提出冷缩之后的120年，美国天文学家霍伊尔，在1972年，提出一个完全相反的说法，叫做"新星云假说"，说地球原来是个冷球，是由于放射性元素蜕变生热，才慢慢热起来的。

霍伊尔认为：原始的地球上即没有海洋，又没有大气，是一个没有生命的世界。当时的地球是一个温度很低的冷球。后来又怎么变热了呢?那是地球内部的一些放射性物质在蜕变中释放出大量的热,使地球内部的温度逐渐变高,高到竟把地内物质熔解成了岩浆。冷球变热之后,又由于重力作用,重物质便往下沉,轻物质便往上浮。铁、镍等重金属沉入地底,形成地球核心部分。硅酸盐等不轻不重的物质包围在地核外面,形成地幔,地幔的表层便是壳。水汽、大气则飞向天空,形成厚厚的大气层。

当然,地球内部放射物质释放出来的热并不是无限的,它只能越来越少,越来越弱,因此,原来的冷球,发了一阵高烧之后,又得冷却下来,特别是外层冷却最快,终于凝固了,变成了地壳。地球内部冷得很慢,直至今日,仍有上千度的高温,保持着可熔岩状,由于高温和高压。在深层翻滚对流,有时难免不从地壳薄弱处冲出来,形成火山。

地球表面冷却,天空水气便凝聚成雨,接着便整年整年地下着滂沱大雨,这才使地球上的坑洼地带积满了水,形成大海大洋。这样说来,海洋的形成只能是在地球之后,但至少已有30亿年历史了,也许最初大洋大海没有这么多的水,后来,随着火山的活动,地下水的上冒,随着大陆的形成,泉水的流入,大洋大海才逐渐充满了水,才成了这个样子。

海洋形成的种种说法

关于海洋的形成，还有很多种说法，各种说法都有一些道理，又都有一些不足，孰是孰非，孰优孰劣，有待进一步考察研究。

地球上有四大洋，其中最深的要算太平洋，谁能说清太平洋的形成，问题也就解决了一大半。

半个多世纪以前，美国天文学家乔治·达尔文(进化论创始人达尔文的儿子)提出一个十分大胆的说法，叫做"月球分出说"。

乔治·达尔文认为：地球的早期处于半熔融状态，它自转速度比现在快得多。同时在太阳引力作用下会发生潮汐。如果潮汐的振动周期与它的固有振动周期相同，便会发生共振现象，使振幅越来越大，最终有可能引起局部破裂，部分物体飞离地球。现在的月亮，就是20亿年以前，地球在这种自转中甩出去的小火球，那个小火球的体积相当于地球的1/6，留下一个大坑，便是太平洋的洋盆，以后注满水，便是今天占整个海洋面积一半的太平洋。

支持乔治·达尔文说法的人，列举很多理由：第一，月球的密度与地球浅部物质密度近似；第二，只有太平洋洋底几乎全是玄武岩，而其他洋底的玄武岩都飞到月球上去了；第三，月球上没有地球那样的磁场，那是因为地球内核有铁，月亮没有这个内核；第四，人们从珊瑚化石了解到地球自转速度确有愈来愈快的现象，就是说甩出去个月亮是完全可能的。

随着宇航技术的迅速发展，"飞出说"明显出现了许多漏洞。宇航员从月球上带回的土壤砂石跟地球上并不相同，玄武岩之说纯粹是无稽之谈。而且月球上也有磁场，说明它也有带铁质的深融核心。另外，经测定，月球和地球具有同一年龄，大约都是45亿年前形成的，因此月球是20亿年前从地球太平洋区域分离出去的说法，根本站不住脚。

持"水成说"观点的人认为，早先的地球被混水所包围，整个地球都浸泡在水里面，或者说整个地球全是海洋，没有陆地。后来，在这混沌的水逐渐沉积出矿物和岩石，生成原始的花岗岩地壳，并逐渐发展成为陆地。因为他们各种矿物和岩石的形成都归结为水中物沉淀的结果，所以这一假说就叫"水成说"。

水成说认为地球上先有海洋后有陆地，陆地产生于海洋之中。这与今天的实际考察结果正好相反，陆地至少有45亿岁，而海洋是在其后10亿多年才出现的。

持"陨石说"的人认为，大约在两亿年前，一颗比月球还大的地球卫星，从万里之遥坠落下来，其威力之猛，超过上百个原子弹。偌大的卫星撞到地面上，不仅冲开了大陆硅铝壳，还穿过了硅镁层，甚至可能深入地幔之中。这样一撞，地球的表面，就会有一个大坑，这样一撞，就会引起地球剧烈膨胀，甚至开裂，这便形成了海洋。后来，又有人估计撞地球的陨星没有月亮大，半径只有500公里。因为太大了，地球不改变形状也会更换位置，如果地球不按原轨道运行了，那么是什么情景？太不可思议了。即使半径500公里的陨星撞在地球上，形成的环形坑也可达3000～7000公里。不过这一假说也不能说全无道理，造成太平洋盆底的巨大凹陷，和地壳的破裂、变易和原动力，不就有了着落了吗？但是这毕竟是臆测性的，缺乏足够的科学根据。

持"沉陷论"观点的人认为：大陆在漫长的岁月中经历了若干次升降运动，时而下沉，为海水淹没，时而上升，露出海面。因此，我们所见到的海洋，只不过是因下沉而被海水淹没的大陆罢了。

这种沧桑之变，前面我们已经写过了。但是用来解释海洋的形成，似乎说得很透，又似乎什么也没有说清。沧桑变化的例子多得很：如美国孤儿海几亿年前曾是岛屿，后来逐渐下沉，到200万年前完全没入水中。又如离日本120公里的海域里，有一块200公里长80公里宽的陆地，于2200万年前开始下沉，每一万年前下沉一米多，现在已下沉到了2000米处。又如芬兰岸边的波罗的海海底正在上升，100年前芬兰渔夫在贴水面岩石上刻的标记，待子孙们去寻找，那标记已经高出水面两米多了。

但是，无论举多少例子，都是个别现象。从某一局部来说，大海变陆地陆地变大海，都是千真万确的事实。

魏格纳 "大陆飘移说" 与海

前面的诸种说法，有一点似乎是没有争论的：海洋一经出现在地球上，虽然以后地壳不断有垂直升降运动发生。那也只是改变其局部轮廓，大的变动，特别是大的横向变动不再发生了。到了20世纪初期，法国地球物理学家魏格纳提出了异议。

1910年的一天，魏格纳望着墙上的一张世界地图出神，无意中发现了一个十分奇怪的现象；美洲巴西那块突出的部分与非洲喀麦隆凹陷进去的这一部分，就像一张大纸撕成两半，自然吻合。魏格纳跟哥伦布发现新大陆一样惊呆了。再细看，地球上这块大陆的海岸线似乎有些问题，这边凸出，那边凹进，这边一墩，那边一湾，这难道是偶然的巧合吗？

一年之后，魏格纳看到了一些材料，说明美洲、欧洲、非洲在地质、生物等方面有许多相似之处，他还联想到早年到格陵兰岛考察途中见到巨大冰山漂移的情景。这时。他的一个大胆的假说形成了：地球上的大陆原都是连在一起的，由于潮汐的摩擦力和地球自转的离心力，把它分裂成几大块，然后向不同的方向漂移开去。美洲离开非洲、欧洲而去，中间就形成了大西洋；印度次大陆与南极洲分离北上，与亚洲撞接，喜马拉雅山便横空出世；亚洲西漂，在东岸留下碎片，成为天然的岛弧线；七大洲四大洋的基本格局才由此形成。

要证明这一假说，当然不能只看地理环境这一表面现象，还应从古生物学和大地测量学等方面寻找更可靠的根据。

魏格纳按照物种起源的观点——"相同的物种一定起源于同一地区"，找到了有力的论据：大西洋东岸德国有一种园庭蜗牛，行动迟缓，一天仅能爬百十米远。人们竟在大西洋西岸的美国东部发现了，奇怪的是，美国西部却不见它的踪影。如果这蚯蚓能远渡重洋，由东岸游到西岸，为什么又不能越过连在一起的陆地，从美国东部爬到西部去呢?魏格纳还在南美和南非的石炭二迭纪地层中发现了中龙化石。中龙是在淡水里生活的一种小爬虫，要不是大西洋两岸曾连在一起，它们怎么可能分处两处？难道是中龙长期适应咸水里的生活，游过浩瀚无垠的海洋去的吗？

更奇怪的是大西洋东西两岸都广泛分布着舌羊齿化石，舌羊齿是一种植物，没有翅翼飞翔，没有四脚爬行，如果两岸不曾连在一起，这种现象又怎么解释呢？

大西洋两岸不仅有相同的物种，而且地层也自然衔接，非洲南端的开普山脉，恰好与南美的布宜诺斯艾利斯山脉相连，同属二迭纪的褶皱山系。不仅地质构造相同，而且岩层的成分与年龄也完全一样。

年仅32岁的魏格纳用无数客观事实有力地论证了他的大陆漂移学说，于1915年发表了《海陆的起源》一书，正式宣告大陆漂移学说的诞生。

大陆漂移学说发表之后，引起了强烈的反响，有着极其重大的意义。第一，它否定旧传统的地壳运动观点。那时的地质学家仅承认地壳的垂直运动，"地壳上升，则为高山和丘陵；地壳下沉，则为深谷和海洋"，魏格纳则认为，除了垂直运动外，还有"水平位移"运动。不仅过去如此，今天亦如此。据测量，美洲和欧洲的距离，现在仍继续在扩大，红海这个大陆内湾，至今仍逐年在加宽。第二，对长期无法解释的古气候问题，能作出合乎逻辑的解释。长期以来，人们对在两极地区发现热带沙漠的征兆，在赤道森林中发现冰川覆盖的遗迹，大惑不解。按照魏格纳的大陆漂移学说不费吹灰之力就说清了。既然三亿年前南美、南非、澳大利亚、印度次大陆都是连在一起的，它们那时又正是处在冰川覆盖的南极地区，现在发现赤道森林中有冰川遗迹，又有什么可奇怪的呢？既然连在一起的大陆，后来才分离开来，漂浮位移，各自东西，那么原来处在温带热带地区，后来漂移到了南极，现在发现它的海底有煤层，有热带植物化石，就没什么可奇怪的了。

然而，大陆漂移说也有许多缺陷。

由于学说本身存在缺陷，更由于触犯了那些持"固定论"观点的地质学权威们，因此学说一出现便遭到许多人的激烈反对。1926年11月，美国石油地质协会专门讨论了魏格纳的漂移说，会上14名最有权威的地质学家，只有5人支持，2人保留意见，7人坚决反对。有人甚至对魏格纳进行人身攻击，讥讽这个学说是"魏格纳狂想曲"，是"大诗人的梦"，"就该扔进垃圾桶里去"。

在险恶的形势面前，魏格纳奋起抗争。1930年他第四次奔赴人迹罕至的格陵兰岛，重新测定格陵兰岛的经度，寻找漂移说的可靠证据，非常不幸，在这次观察中，他遭到暴风雪的袭击，于10月31日，也就是他50岁生日那天，他的心脏病复发了，无声无息地倒在冰天雪地之中，悲壮地献出了生命。

20世纪初，科学家发现有的地方岩石里的磁极和现代地球上的磁极方向并不一致，甚至完全相反。这是什么缘故呢?原来那些岩石是被古代地球磁场的磁性磁化过的，它代表着古代地球磁场的方向。随着大陆漂移，位置更换，古地磁方向自然与现代磁极方向不一致。人们把20亿年中所经历的地球磁极相对于地理北极的位置标示出来，并用一根曲线把这些点连接起来，按理地球上只应有一条迁移曲线，但美洲和欧洲各测得一根迁移曲线，它们形状相似，但不重合。然而如果把北美大陆和欧亚大陆靠拢，这两根曲线就完全重合了。这便有力地证明了欧亚、美大陆原来本是连在一起的。这样，魏格纳死后30年，漂移说又复活了。

1965年，美国科学家布拉德用电子计算机，根据测绘的海深图，以海深1000米的大陆边沿为准，将南美与非洲拼接起来，吻合误差只有88公里。用同样的方法拼接其他大陆，平均误差也只有130公里左右，这更雄辩地证明魏格纳所说的"泛大陆"的存在，现在分离开来的各大洲都是"泛大陆"的一部分。

另外，还有一个有趣的现象，有一种海鸟每年春天从南极飞往北极圈，飞行路线是弯弯曲曲的，如果把大陆拼在一起，那飞行路线，正好是一条从南到北的直线。最后剩下的一个关键问题，大陆漂移的动力是什么?1960年。美国地质学家赫斯认为：地幔中熔融物质可能会向上涌动，小的涌动便是火山爆发，大的涌动有可能把地幔顶推向一边，涌出来的熔融物质在那里冷却凝固，这样，海底就被扯裂开来了。由于海底的扩张，各大陆也就被推开了。

至此，大陆漂移说作为最有科学依据的理论在地质科学殿堂上重现光彩，魏格纳也作为"地球科学史上的哥白尼"而载入史册。

海底扩张和板块学说

魏格纳的漂移说，给后人的启示极大，实际上为板块理论打下了基础。可惜魏格纳还没有来得及对漂移的动力机制作出符合实际的解释就死了。但科学总是向前发展的，美国地质学家赫斯和迪茨，根据英国霍姆斯"大陆是被动地在地幔对流体上漂移"的论述，提出了"海底扩张说"，把魏格纳的大陆漂移学说推到一个新阶段。

大家知道，我们的地球分三层，表层叫地壳，平均深度有40公里，中层叫地幔，有2900公里，占了地球质量的68.1%。里层叫地核，最厚，有3071公里，但只占地球质量的20%左右。整个地球就像一个鸡蛋一样，地壳相当蛋壳，地幔好比蛋白，地核就是蛋黄。地幔由硅镁物质组成，温度很高，压力极大，地幔物质处于熔融状态，就像沸腾的钢水，不断翻滚、对流。

当地壳的某一部分承受不住地幔的压力时，熔解物质不断上涌，地壳便不断增厚，再往上升，在陆地上就形成横亘的山脉，在海洋中就形成高耸的海岭。大洋中脊的出现和大洋底盆的形成，都是对幔对流，熔融物上涌的结果，据此，赫斯和迪茨得出结论：由于地幔对流，熔融物上涌，洋底以中脊为轴，不断向两侧扩张，洋盆逐步扩大，从而提出海底扩张学说。

洋底在扩张的过程中，其边缘遇到强大的阻力，扩张便受到阻碍，这时地壳的一部分，钻入地幔之中而被地幔熔化、吸收，形成很深的海沟。又由于挤压的作用，海沟向大陆一侧会顶翘起来，成为岛弧，使海沟与岛弧形影相随。这种奇妙现象，从发生发展到结束，大约需要两亿年。这就不难理解，为什么至少有30亿年历史的大洋，洋底却总是那么年轻，总难找到超过两亿年的古老岩石。

1968年法国人勒皮雄把"海底扩张学说"发展成"板块构造学说"。

板块学说、大陆漂移学说都认为地球表层是漂移着的，但它们的机制并不相同，后者认为是硅铝层在硅镁层上漂浮，而前者则认为岩石圈在地幔软流圈上漂浮。

什么叫岩石圈呢?原来地幔上还有一层物质结构，跟地壳一样坚硬，它的厚度(包括地壳在内)有75～100公里，这个区域就叫岩石圈。岩石圈下面才是软流圈，软流圈下面又变得十分坚硬，叫做"中圈"，中圈之下才是地核。因此大陆漂移并不像魏格纳所认为的那样是硅铝层漂浮在硅镁层上，也不像海底扩张学说所说，紧硬的地壳驮在整个地幔对流体上，被动地缓缓漂移，而是岩石圈漂浮在软流圈的对流体上，无论大陆或洋底都随着岩石圈的漂移而漂移。

勒皮雄把整个地球的岩石圈分为六大块：太平洋板块，印度洋板块，亚欧板块、非洲板块、美洲板块和南极洲板块。由于这几块岩石圈大得很，而厚度只有75～100公里，很像几块板子故称板块。这六大板块并无海洋陆地之分，非洲板块既包括非洲大陆也包括它东面印度洋的一部分，和西面的大西洋一部分；美洲板块既有绝大部分美洲在内，也有大半个大西洋在内。这六大板块有的相背而行，两板块分离界线便是大洋中脊，那里经常出现地震、中央裂谷等过去无法解释的现象。有的相向而行，地壳因而产生褶皱，地层隆起，连锦不断的高山便出现了。亚欧板块与印度板块相向运动，喜马拉雅山便拔地而起，成了世界屋脊。

板块学说不仅能解释陆地山脉的形成，而且能解释整个陆地上的海洋里的各种地质现象。它彻底打破了海陆固定不变的传统地质观念，使地球科学理论发生了根本性变化，因此，从大陆漂移说到海底扩张进而到板块学说兴起。人们称这是地球科学上的革命。

海水从哪里来

从宇宙空间看地球，地球是蓝色的，因为地球上大部分地方是水。据水文学家计算，地球上共有14.5亿方立公里的水，其中地表水占95％，地下水占4％，其他为大气中含水不过1％。地表水98％集中在海洋里，陆地水指河流、湖泊以及冰川的水，其中储水最多的是冰川。冰川的储水量比河流湖泊多100倍。

地球上这么多水是从哪里来的呢?有人看到天上下雨下雪，就以为水是从天上掉下来的。其实雨雪都是地面上的水汽蒸发到空中形成的，大气中的水汽遇冷便凝聚成水滴落下来，这就是雨。如雨滴在凝聚过程中，遇上摄氏零度以下的寒潮，落下来的便是雪。雨水雪水与其说它是天上落下来的，还不如说它是地上升上去的，这绝不是地球水的来源。

近些年来，人们通过对地球内部构造和物质成分详细分析研究，证实地球上的水是从地球内部岩浆中分离挤压出来的。

火山喷发的时候，巨大的火柱冲向天空，高达上万米，甚至几万米，火柱扩散成乌云，弥漫天空。顿时日月无光，天昏地暗。这喷出的火柱是炽热的岩浆，而岩浆里面含着4～10％(平均7％)的水，这些水随着岩浆从地幔中冒出来当然只是水汽，遇冷聚凝落下来才是雨。因此火山喷发的时候，无不伴有倾盆大雨。

根据现代火山活动的观测，火山喷出的气体，水汽占了75％以上，数量之大，实在惊人。美国阿拉斯加州卡特迈火山区的万烟谷，有十万多个喷气孔，每秒钟喷出的水汽有2300立方米之多。又如1906年意大利维苏威火山喷发时喷出来的水汽柱高达13000米，持续20多个小时。

由此推测，地球上的水，主要是从100公里以下的地幔中来的。不过，30亿年以前的地球表面温度极高，地壳上不可能有水，从地底下冲向高空的水，只能呈水汽状态升腾飘浮在上空，又因地心引力的作用，它也不可能远离地球而去。随着水汽的增加，乌云愈来愈多，愈积愈厚，阻碍了太阳对地表的直接照射，地面的温度逐步降低，岩浆便冷却下来，固化为地壳，地表温度下到100℃以下，水汽冷凝成水滴落到地面上来。当地表温度降低到30℃左右，岩浆中喷出的水汽99％冷凝成水滴落到地表上时，海洋也就形成了。

海和洋的区别

　　人们习惯把"海洋"当一个词，其实"海"和"洋"是有区别的。"海"是海洋的边缘部分，次要部分，占总面积的11％；"洋"是海洋的中心部分，主要部分，占总面积89％。海比洋小，不仅面积小，而且深度也小，一般只有几百米或千多米。又因为距大陆近，受大陆影响较大，水温随着季节的变化而不同，水的透明度也远不及大洋高。洋不仅面积大，而且深度大，一般都在两三千米以上。又因为远离大陆，受大陆影响较小，它有独立的潮汐和强大的海流系统。温度、盐度、透明度变化都极小，特别是深洋区几乎无变化。

　　世界大洋有四个：太平洋、大西洋、印度洋和北冰洋。这四大洋名的名称都有各自的来历。

　　太平洋原本没有名字，我国古代笼统地把它叫做"沧海"或者"大海"。16世纪初，葡萄牙航海家麦哲伦率领探险队乘着几只帆船横越大西洋，穿过南美洲曲曲折折的海峡，到达太平洋。麦哲伦发现这里比之波浪滔天、汹涌澎湃的大西洋平静多了，便给它取名"太平洋"。实际上麦哲伦被暂时的假像所蒙蔽，太平洋根本就不太平。太平洋最大，面积等于另外三个大洋的总和。太平洋深，平均深度4000多米。最深的马里亚纳海沟，深达11022米，把世界屋脊珠穆朗玛峰放进去距水面还差2000多米。太平洋的水最多，地球上的水，有一半贮在那里面。太平洋火山最多，全世界600多座火山就有450多座分布在太平洋区域，不仅边缘区有火山，中央区域也有火山，整个太平洋盆地的一半面积都有火山。太平洋火山如此之多，地震自然十分频繁，全世界的地震几乎有一半都发生在太平洋地震圈内。1923年9月1日上午，日本相模湾海底发生地震，离海湾几十公里的东京横滨，倒了四万多幢房屋，十多万人丧生，近百万人无家可归。这么一个大洋能说它"太平"吗？

大西洋原来名称并不统一，北部称西洋或北海，南部称阿特兰他洋，17世纪中期，才把大西洋统称为阿特兰他洋。为什么叫"阿特兰他"呢?传说有一个力大无穷的巨人，名叫阿特拉斯，就住在大西洋。大家就把大西洋叫为"阿特兰他洋"。我国把"Atlantic"意译为"大西洋"。大西洋的面积只及太平洋的一半，但比欧、亚、非三大洲加在一起还要大。

印度洋，我国古时称为"西洋"。郑和七下"西洋"，指的就是印度洋。古希腊、古罗马称它为红海、南海、东海或厄立特里亚海。15世纪末，葡萄牙人绕过非洲南端的好望角进入这片海洋，才叫印度洋。印度洋整个洋面都在东半球，而且大部分处在热带，水面平均温度20～26℃。

北冰洋位处北极，终年风雪弥漫，是冰和雪的世界，是名副其实的"北冰洋"。北冰洋比其他三个大洋来，的确是小弟弟，它面积小，且常年积雪不化，海水冰冻，人迹罕至。但因大陆架占了洋面积的一半，开发利用起来，前途可观。欧美国家认为北冰洋只是大西洋的一部分，叫北极海，也是有道理的。

世界有多少海呢?国际水道测量局统计有54个，太平洋17个，大西洋14个，印度洋9个，北冰洋9个。最大的海要算太平洋的珊瑚海和南海，其次是大西洋的加勒比海、地中海和印度洋的阿拉伯海;最小的海是大西洋的亚速海和北冰洋的白海。海距离大陆较近，按照它们的不同位置，又区分为地中海、内海和边缘海。

内海又叫"内陆海"，是指伸入大陆内部的海，海水受入口河水的影响比较大，如我国的渤海、欧洲的黑海、里海等。

边缘海简称"缘海"或"边海"，是大洋边缘部分，一侧以大陆为界，另一侧以半岛、岛屿与大洋分隔，但水流交换通畅，比如我国的黄海、东海、太平洋西北部的鄂霍次克海它们受潮汐的影响比较大。

海洋的颜色

海水是蓝色的，这已成为人们的常识。但是你走近海边，再仔细端详，它却是无色的，什么颜色也没有。

海水自身并无颜色，它之所以显出美丽的颜色，是阳光反射的结果。太阳光由红、橙、黄、绿、青、蓝、紫七色组成，它们进入海洋，浅颜色都被吸收了，剩下青、蓝等深颜色反射回来，我们见到的蓝色，便是反射回来的太阳光的颜色。说海洋是蓝色的，这是一般情形。也有例外。如红海就是红色的，黄海就是黄色的，白海就是白色的，黑海就是黑色的。这又是什么原因呢?

红海的颜色之所以红，是由于那里的气候和环境非常适宜一种名叫"蓝绿藻"的生长繁殖，而蓝绿藻的颜色既不蓝也不绿，却是呈褐红色的。当细小的红色海藻布满了整个红海的季节，人们航行进入这个海区。无论近看远看，映入眼帘就全是红色的，就连海风卷的巨浪，也如红绸飘舞，那真美极了。

黄海的颜色是黄色的，是由于黄河曾经流入这里。黄河每年挟带16亿吨泥沙从三门峡一泻而下，这些沙流入海中，把大半个海陆架全染黄了，在人们眼里是一片黄，故称黄海。黄河虽已改道流入渤海，但黄海的称呼却保留至今。

白海地处前苏联的西北部，属北冰洋的边缘海，气候异常寒冷，全年有200多天覆盖着冰雪。纵眼望去，白茫茫一片，银装素裹，光耀夺目，那真是地地道道的白海啊!

黑海是一个内陆海，四周被土耳其、保加利亚和罗马尼亚等所包围，仅仅它的东北部和亚速海相接，它的西南部经由博斯普鲁斯海峡与地中海相通，整个黑海几乎成了个孤立的海盆。黑海的颜色，远远望去的确是漆黑漆黑的，就像墨汁一样。但当你捧起细看，与普通海水也没有什么不同，也是一样纯净、透明，这是什么原因呢？

原来，黑海有多瑙河和第聂伯河流入，海中上层是淡水，下层是咸水。你捧起的水，是纯净透明的淡水，当然与普通水一样。上层水温较高，下层水温较低；上层没有盐分，密度较小，下层盐分较多，密度很大，上下层之间形成"密度跃层"，淡水盐水互不交换。又由于黑海200米以下，严重缺氧，长年的沉积物大多已经腐解，阳光射不进去，全被吸收，所以远远看去一片漆黑。

大海是"平"的吗?

大海是平的吗?有一个专用术语叫"海平面",事实上,即使撇开风浪潮汐诸因素,海也不可能是平的。因为地球是圆的,依附在地球表层的水也只能是圆的,但为什么还有"海平面"这个专门术语呢?因为人们对海上风浪造成的小的不平和依附地球成圆形的不平,都可以忽略不计,只就各处海水的平均高度来看,认为海是"平"的。

海水的流动,跟江河不同,江河的水是高处往低处流,海流主要是风力的推动。我们讲某某山海拔多高,也就是超出海平面多高,这个"海平面"自然全世界都是同一个高度,不然就失去意义了。所以"海平面"这个术语还是管用的。

然而,随着近代卫星测量技术的发展,人们终于发现自己认识上的错误,海并非平的,它和陆地一样有高低起伏,只是幅度较小,而且是在千公里的范围内逐步变化的,单凭肉眼不易觉察出来。

据卫星测量,世界大洋的海面有三个较大的隆起区:澳大利亚东北的太平洋,最高点比平均海面高76米;北大西洋高出平均海面68米;非洲东南的印度洋,高出48米。还有三个较大的凹陷区:印度半岛之南的印度洋,其最低点低于平均海面112米;加勒比海最低点凹下68米;加利福尼亚以西太平洋最低点凹下56米,除此之外,还有许多较小的隆起区和凹陷区。

为什么会有这种现象呢?

大家知道地球上所有物体都受地球引力作用,即拥有一定的重力。同一物体在地球上的不同地点所受引力不同。一般说来,离地心愈近,重力愈大、离地心愈远,重力愈小,但水面距离地心远近应该差不多,那么各地区重力也应差不多,不大可能出现不平现象。这就得从地球内部结构寻找原因,我们知道,地球内部结构非常复杂,质量分布并不均匀，因而所产生的重力是不会一致的。重力小的地方必然隆起，重力大的地方必然凹陷。美国科学家发现地核也是不规则的，地核的外层也有高低起伏不平的现象，至于地幔就更是如此，因此各地区重力强弱不同，是不足为奇的，重力不同，自然有些海面隆起，有些海面凹陷，这也不足为奇的了。

海底是什么样子

海底是什么样子?它的地形地貌跟陆地上一样吗?

站在海边看海底,人们目力所及,不过浅浅几米,稍深一点的地方,就什么也看不见了。水性最好的人,潜到水里时间最多几分钟,水深至多七八米。能闭着眼,屏住气,潜力水底,摸几个蚌,抓两条活鱼,就算本领高强了。透射到海底中的阳光,经过水体的折射、散射和吸收,到200米深处便是漆黑一团,即使人能潜到那里,没有光亮,又能见到什么呢?

古人通过想象产生了海底的神话世界。他们把皇帝的宫廷搬到海底去,于是皇宫成了龙宫,金銮殿成了龙王殿,皇帝成了龙王,禁军校尉成了虾兵蟹将,再摆几盆红珊瑚,添一些珍珠、玳瑁、巨藻什么的,这就是水晶宫——许许多多的海洋故事就在那里发生了。

有人说:"人们对海洋底层的了解,还不及对月球对着地球的这一面了解得多"。这种估计不是完全没有道理。至1920年,船只测量海深,还是采用古希腊的老办法:停住船,把系着铁块的绳索投入海中,慢慢放下去一直放到底,然后计算它的深度。用这种办法,测量一个几亩宽的水域,就得一整天,要把整个大海大洋都测量完,那不要几百年吗?因此,人们对深海区的地形地貌知道得非常有限。

自从麦哲伦环球航行,测得3700米最深记录,才纠正了海洋是深不超过二三百米的习惯看法。后来,发明了回声测深仪,它是通过记录音波来回的时间来测量海深的仪器,只要把仪器打开,发出一点声音,仪表上的数字就出来了。于是,海底的奥秘便逐步打开了。

二次世界大战以后,利用经过反复改进的新的电子仪器,海船一边航行一边勘测,仪器自动运转,计算机自动运算处理,大量可靠的数据一一记得清清楚楚,对海底的详细情形便了如指掌。原来海底下跟陆地上一样，也有高耸的山脉，深陷的峡谷和屹立的火山，淹在水中黑暗的海景，比起陆上来毫不逊色：悬崖峭壁，绵延不绝，竟有纽约到旧金山那么长；海底的大山比喜马拉雅山还要高；海底平原比我国华北平原还要宽。现在人们根据勘测，绘出了海底图，跟普通的世界地图一样详细，一样准确。

海底可以分成三个区域，第一个是大陆架，是大陆周围较平坦的浅水海域，水深不过200米，它是大陆的一部分。"沧海桑田"的变化，主要在这个区域内发生。它是海洋中最富饶的地方，仅占海洋总面积7.8%，全世界80%～90%的洋水产，都是在这里获得的。据统计，水中100米的海域内，每平方米产鱼达12.5千克，100米之外200米之内，则降为5.4千克，深海区更少，仅是大陆架的1/5。

大陆架的石油藏量非常丰富，仅波斯湾就储藏了120亿吨，北海储藏50亿吨，全世界大陆架的石油约占世界总储藏量的1/3。其他矿藏，如煤、铁、铜、锡、银、金、铀，都有很多很多，难怪人们叫大陆架为"聚宝盆"！

第二个是大陆坡，包括200～2500米深的范围，占海洋总面积的12%。它是大陆架的外缘，俯冲下去，有的一跌2000多米，是世界上最高最长的水边墙，那直上直下的陡坡，形成海底最壮观景。

第三个是大洋盆地，在海洋三大地域之中，算它最大，占了整个海洋面积5/7，于整个地球表面的一半，深度一般在3000～6000米之间，这是一个真正的黑暗死寂的世界。那里没有强流的冲蚀，没有温度的变化，也没有任何声音。太阳光线射到200米大陆架边缘便再也进不去了，水面上哪怕刮12级风暴，对大洋盆地也无丝毫影响。那里耸立的波底山峰，锥状地形、山岭和峭壁都保存得极其完整。

假如在陆地上，长年风霜雨露的侵蚀，它会破败不堪，而这里就像画师刚绘制出来的一样，崭新崭新的。海底平原，比陆地平坦得多，有的竟像舞池那样光滑平整。屹立在海底的火山几乎遍布大洋海底每一角落。6000米以下大多是海沟，主要分布在大洋盆地的边缘地带，最深的海沟有11000多米。

以往人们认为600米以下就没有任何生物了。理由是：第一，水越深氧气越少，600米以下就没有了氧气，氧气是生物的生命，没有氧气就没有了生命。第二，海水深处，水压特别大，一个铜钱大的东西，要承受相当两吨重的压力，任何有生命的东西。似乎都无法生存下去。事实上却不是这样，人们曾在2800米处发现宽7.5米的巨蟹，在8840米处发现过16厘米长的鱼，在11000米处发现了比目鱼，至于其他的无脊椎的低等动物就更多了。这说明，深水区也有氧，某些海生动物承受水压的能力是人们难以想象的。

海洋的脾气

你知道吗?海洋的脾气最古怪，在舒心的日子，风和日丽碧波万顷；一旦出现海啸，那万丈狂飙千尺巨浪，似千军万马，呼啸而至。

海啸有两种：一种叫风暴海啸，那是因强大低气压通过海面，海水突然升起，卷起惊涛骇浪，发出隆隆吼声，我国东南沿海所出现的海啸多是这一种。这种海啸，一般说来持续时间较短，造成危害不十分严重。另一种叫地震海啸，多因海底火山爆发或海岸附近地壳运动，伴随着强烈地震而形成的波动现象，周期为15～60分钟，波长可达数百公里，其高度在外海并不显著，一旦传至近岸，卷起的巨浪可达十几米甚至几十米高，巨浪登岸，深入陆地，造成人畜伤亡，以及财产的巨大损失，为害最深。

1960年5月21日到6月22日，一个月里南美洲智利附近海底连续发生225次地震。其中10次超过7级，3次超过8级，最强烈一次8.9级。这一次真正把海洋惹怒了，形成世界上最大的一次海啸，那真是倒海翻"洋"，可怕极了，在智利500公里的海岸线上平均高10米，最大波高25米。海啸所到之处，一切花草树木、人畜财产、房屋建筑全被吞噬。海啸以平均每小时707公里的速度，呼啸越过太平洋，扑向日本海岸，把本洲岛沿岸洗劫一空，尽管日本早已发出海啸警报，人们已作了许多准备，仍然造成极大损失。毁坏房屋1500多幢，死伤千人。这次海啸一直影响到苏联境内鄂霍次克海方才罢休。

潮汐，是海边常见的一种自然现象。几小时前，那里还是辽阔的海滩，起伏不平的岩礁；忽地被排山倒海涌过来的潮水淹没了，成了一片汪洋。再过几小时，海水又悄然退走，海滩岩礁依然裸露出来。在一般情况下，海水每天一早一晚涨退各一次，早潮叫"潮"，晚潮叫"汐"，合起就叫"潮汐"。

凡有海洋的沿岸，都能看到潮汐，但时间有先有后，高潮和低潮的潮位也不相同，一般都在2～3米之间，在海湾特别是河流入海处，潮差更大。我国杭州湾潮差最大达9米，是全世界著名的大潮，叫做"钱塘潮"，钱塘潮之所以特别大，主要原因在于它具有喇叭形的河口，当潮水从河口汹涌地挤进来时，河道越来越窄，潮水便越涨越高。

世界上凡具有喇叭形河口的河流，如欧洲的易北河，美洲的亚马孙河等河口，都有较大潮汐。不过像我国钱塘江那样威武雄壮的大潮，全世界并不多见。钱塘江潮特别大，还有一个原因：海宁县东50里的尖山，斜出海口，与对岸上虞县的夏盖山海底相连。这里的河床特别高，水深只有两米多，而有的水深则达5～9米。由于河床高低相差很远，从西向东流的江水，在这里受到东来海水的冲击，两股力量相撞，江水就腾空而起，形成举世罕见的特大潮水。钱塘江潮的最早记载，见于《庄子》："浙江是水，涛山浪屋，雷击霆砰，有吞沃日之势"。北宋苏东坡有诗云："八月十八潮，壮观天下先。鲲鹏水击三千里，组练长驱十万夫。"南宋定都临安(杭州)之后，观潮之风相当盛行，《梦粱录》上说："每岁八月内，潮怒胜于潮时，都人自十一日便有观潮者。至十六日、十八日倾城而出，车马纷纷。"少年朋友们，你如有机会在农历八月中旬去钱塘江观潮，那真是一大乐事。潮水涌来，地动山摇，倒海翻江，轰声如雷，似十万铁骑冲撞过来。

潮汐是怎样形成的

民间传说，海底下有身长千里的叫鲲的大鱼，当它进入海洞，洞里的水便往外冒，这就是涨潮，鲲游出洞外，海水涌进洞内，这就是退潮。至于说钱塘江的潮水为什么更壮观，那是昔日吴王夫差错杀了功臣伍子胥，投尸江中，龙宫虾兵蟹将，愤愤不平，激起万丈东海水，接伍子胥去龙宫赴宴。

对潮汐作出合理解释的是东汉王充，他在《论衡》中写道："涛之起也，随月盛衰。"认识到与月亮盈亏有关。以后。唐朝卢肇说过"日激水潮生"的话，宋代燕肃坚持十年之久的实地观察，写了《海潮论》，对潮汐作出了"随日而应月"的科学解释。这就是说潮汐的形成与日月运行都有关系。

按照牛顿的万有引力定律。任何两个物体之间都存在着相互的吸引力。吸引力的大小，一是决定于物体的轻重，二是决定于距离的远近。宇宙间星球多得很，但离地球太远，引力也就不大了。月球体重虽比不上大的星球，但它离地球最近，所以最容易把地球上的海水吸着凸出来。

地球每天自转一周，它的某一点每天必有一次向月，一次背月，形成两次涨潮；向月时，由于月亮的引力加上地球自转时产生的离心力海水被吸着鼓向月亮；背向月由于海水离月较远，离心力大于吸引力，使海水鼓向相反的方向。海水的多少是固定不变的，两头凸起来，中间部分的海水必然低一些，于是地球上的海面就变成和鸡蛋壳一样的弧面。由于地球不停地自转，所以各地的海面的高度不断改变。

太阳比月亮大2710倍，但它与地球的距离等于月亮与地球距离的390倍。计算起来，月亮的引潮反而比太阳大2.25倍，所以造成潮汐的主要原因是月亮，但是太阳对地球海面也有影响。每逢农历初一(朔)、十五(望)，太阳、月亮和地球在一条直线上，太阳和月亮对海水的引力合在一起，形成的引力就更大了，海水面凸出更高了。这叫做"大潮"。每逢农历初八(上弦)、二十二(下弦)，月亮、太阳和地球互相垂直成直角，引力被抵消了一部分，海水面凸起比较少，这叫做"小潮"。

地球除了自转外，还绕着太阳公转。公转一周为一年，运行的轨道是椭圆形的。每到春分、秋分的时候，地球正在椭圆的短轴上，离开太阳特别近，引力最大，就形成一年中的两次特大潮。

潮汐这种自然现象，是有规律可循的，人们可以准确地推算出某一地方的涨潮、落潮的时间。地球自转一周，所需时间是24小时，而月亮绕地球一圈是24小时50分钟，因此某地任何一天来潮都要比前一天迟50分钟。

掌握潮汐规律，使它为工农业生产和交通运输服务，是一件一本万利的事。因此沿海地区引水灌田，修建盐场，营造码头都得考虑潮汐的这一有利因素。当河口涨潮时，河水受海水顶托，水流增高，两岸农田就可以更方便的引水灌溉。海边盐田，在起潮时打开闸门，让海水自动流入盐田，退潮后关上闸门，把海水晒干，便有白花花的大片盐巴。大轮船在涨潮时进港，在潮水将退末退时出港，这就方便多了。

另外，利用潮汐涨落所产生的潮差发电，可以获得大量廉价的电力。全世界潮汐能量有10亿多千瓦，绝大部分分布在狭窄的海峡、海湾和河口。据测算英吉利海峡有8000万千瓦，马六甲海峡有5500万千瓦，北美芬地湾有2000千瓦，我国沿海5500万千瓦。单是钱塘江，每年就能发电100～200亿度。

"海怪"的传说

面对变幻莫测的种种自然现象，说不出其中的奥妙，不能用科学理论去解释它们，人们就迷信起来，于是就产生了许多离奇的鬼怪故事。

欧洲海员中流传这么一件事，说有人亲眼见到三个海怪，上身是年轻美丽的姑娘，下身长着鸟尾、鸟爪，样子很是怕人。她们住在一个海岛上，那里满地是鲜花。景色美极了。她们站在海岸上，远远向海员招手，待船靠拢，她们就放开那银铃般的歌喉，唱起美妙动听的歌曲。那歌曲是大陆上从来听不到的，一听就入迷，一听就昏昏欲睡，仿佛进入了极乐世界，完全失去自控能力。船员们随歌声下船，随着歌声走进海妖宫殿。他们把自己的妻子儿女、祖国家乡统统忘得干干净净，终日昏昏迷迷，陪伴着海妖跳舞作乐，再不想回到船上去了……最后，一个个都被海妖害死。原来，这岛上的鲜花就是死人的白骨，那宫殿就是海妖的墓穴。

欧洲还出版过一本《航海指南》的书，说好望角有一种海怪。人头鱼尾，满身披弓箭，以吃人肉为生，专在港湾及港口附近游弋，寻找麻痹大意的船员。书中反复告诫人们，万万不可粗心大意，要当心海怪的暗算。

1893年挪威探险家南森，不顾亲属的劝阻，亲自设计制造一条没有发动机的厚壁船——"弗雷姆"，它让船与冰冻在一起，随着海流漂流了三年多，航行1850多公里。进入北冰洋中心区，探明了冰层下面有一条来自大西洋的暖流的情况。在返回的途中，弗雷姆果然被传说中的"死水"粘住了，船员们惊慌失措，祈祷上帝。而南森却镇静自如，因为他正要探清这一自然现象。南森悉心观察，反复测量，详细记录，还是弄不明白其中奥妙。但有一点是他的新发现，那里的海水是分层的，海面是一层淡水，船底才是咸咸的海水。船被"粘"到那里，动弹不得，他以为大家回不去了。忽然刮起了大风，"弗雷姆"的帆篷动了，航行又恢复了正常。

1896年，南森历尽千辛万苦，终于回到挪威。探险成功，他成了新闻人物，身价百倍。

南森后来钻进科研室，同海洋学家艾克曼一道揭开"死水粘船"之谜。他们进行分析研究，终于作出了科学的解释。原来，船在水中行驶，一旦上层淡水的厚度等于船只吃水的深度，如果船速比较低，推进器(无论是机械化的螺旋桨，还是人工划桨)会产生正反两种水波，上面的波叫船波，要进。下面的波叫内波，要退。进退两抵，船便"粘"住了。说"怪"就怪在这里了。

据说，如果这两种波激化，船不仅被"粘"住，而且有可能下沉甚至爆裂。1960年美国花了4500万美元造了一艘叫"长尾鲨"的核潜艇，全长85米，是当时最先进的攻击型潜艇。1963年4月10日，在波士顿以东深海区作超过水下300米深潜试验。忽然机舱内海水系统完全破损，耐压壳体招架不住海水的强大压力，在爆炸声中，粉身碎骨，129名试航人员全部遇难。据科学工作者分析，当时试航海区，狂吼而持续的风暴引起强大内波，波高达90米，周期约8分钟，潜艇在最大潜航深度时，以5到6节的航速，可以进入跃层界面以下。但是，一旦潜艇的机械或电气或设备损坏，处在界面以下的潜艇，就无法穿出强大的跃层，返回安全的深度。

海洋里的许多自然现象，暂时说不清，也不足为怪。有些海洋动物，科学界认为在几千年几万年前就绝迹了，而事实上又在某地发现了，这也是常有的事。海洋对于人类来说，毕竟还有许多不解之谜，等待我们去解开。

大西洋"魔鬼三角"之谜

1945年12月5日下午2点钟，美国5架鱼雷轰炸机飞往大西洋百慕大群岛附近海域，执行一次两小时的训练任务。

那天，艳阳高照，晴空万里。任务完成得很好，3点15分返航，指挥基地收到鱼雷机组发回来的着陆时间报告。4点过去了，基地却不见他们回来，而且失去了无线电联系。指挥员惊呆了："这是怎么回事呢?……可能出事了。"于是立即派一架飞机，载13名机员，带着全副救生设备飞往实地营救。飞机起飞后，开始与基地保持着密切联系，说他们正接近5架轰炸机的位置，可看不到任何东西，指挥员命令他们继续搜索，并等待他们的报告。然而从此之后，与那架飞机中断了一切联系。

于是，只好又派飞机和快艇去搜寻，一直寻到天黑，什么也没寻着。后来又派飞机和舰四处寻找，都没有发现任何线索。此后平均每天出动飞机167架次，从清晨到薄暮，详细查看了以出事地点为中心的38万平方公里水陆面积。前后时间4100多小时，还是什么也没有找到，连一点残骸、一滴油迹也没找到。

1948年1月30日，美国"兰开"和"星虎"两架客机飞经百慕大群岛附近，遇上了强风和乌云，"兰开"推迟1小时飞到目的地，"星虎"却不知飞往何处了。后来当局派出26架装有扫描器的飞机，10艘带着各种救生器的船只在百慕大群岛附近海域，搜寻了5天，还是一无所获。

1967年1月11日~18日，一周之内，前后三架飞机在这个区域无端失踪。奇怪的是三架飞机飞行期间，天气都很好，都是在没有发出紧急呼救信号的情况下失踪的，事后也都没找到坠毁残骸。

1968年9月，一架"C132"客机在晴空中飞行，突然坠落入海，机上27人全部丧生。1973年3月，一艘摩托船在风平浪静的大晴天行船，突然船沉于海。32人全部遇难。

由于这个海域呈三角形，三个顶点位于百慕大群岛、佛罗里达海峡和波多黎各岛。人们称它叫"魔鬼三角"。在这个三角区内，迄今为止，类似的失踪、坠机、沉船事件发生过上百起，不明不白失事的飞机有30多架，船舰100多艘，死亡人数1000多人。许多科学家对这些离奇的事件进行反复的研究，但始终没有找到令人满意的答案。于是各种各样的猜测、传说纷纭而起，不胫而走，百慕大海域成了神秘莫测、阴森可怖的魔鬼世界。

有人认为那个地方气候反常，位处北纬20~30度之间，属于北热带，受热带气流控制。夏秋多热带飓风，即使在大晴日子，也因高空强大的气流以及显著的风速差异而形成强烈的大气旋涡——晴空湍流，会造成局部真空区。吸引周围的物体，使飞机突然罹难。晴空湍流出没无常，稍纵即逝，难以预测，飞机误入其中，无有不失事的。这一解释似乎言之成理，但为什么飞机失事后找不到残骸呢？

有人把飞机失事归咎于电磁激变引起的仪表失灵，司机不辨方向，心里恐慌，乱按电钮，乱踩油门，或相互碰撞引起大火，造成事故。但无论如何也不致于飞机、舰船毁尸灭迹。

在找不到令人满意的解答时，有人说这是外星人在捣鬼，说外星人比地球上的人更聪明，那里的科学技术更发达，他们乘飞碟来探索地球和奥秘，在这个三角地区，遇上了飞机和舰船，便发射一种强磁力，把飞机舰船俘获而去。因而在地球上不留任何痕迹。

这种解释，离奇玄妙，更不可取。外星人、飞碟是否有，至今还在争论之中，即使有，此类怪事又为什么只出现在"魔鬼三角"地区呢？一只大船，几千几万吨重，哪有那么大的磁力，能把它俘获到别的星球上去呢？

据多方调查，容易出事，主要是这个地区的地理环境十分恶劣。海面上到处漂浮着马尾藻，行船常常受阻，海底地形复杂，暗礁极多，地震火山时有发生。

那里有一座底边长300米、高200米的海底火山口，内有一个巨洞，水流以惊人的速度通过。

那里还是北美飓风的发源地，龙卷风能把海水卷上几千米的高空。这里经常云雾腾腾，恶浪滔天。来往船只，一进入这个"魔鬼三角"，无论怎样的水上老手，都要畏惧三分。

当年哥伦布行船到这，就遇上那吓人的风暴，他给西班牙国王的信中说："我这辈子见过各种风暴，可是从来没有遇到这种时间这么长、这么狂烈的风暴。"

更糟的是：那里气候多变，刚才还丽日高照，风平浪静，忽然刮来阵阵乌云，弄得天昏地暗，霎时间电闪雷鸣。倾盆大雨，下个不完。飞机遭电击，坠入水中，船只出事故，沉入海底，多在这个时候。如果整架飞机坠入水中。整个船只沉入海中，在海面上就不会留下痕迹。

每种解释都可能会接近真实，然而，"魔鬼三角"至今仍是个不解之谜，有待于后人进一步去探索……

◎ 海底宝藏 ◎

　　在古老的神话中，海底龙王的水晶宫中藏有无数的宝藏。

　　龙王虽然并不存在，然而海中的宝藏之多却超过了神话的想象力！

海水本身就是宝

海洋是水的王国，偌大的地球，70.8%的面积被水占领了，海水总体积是13.7亿立方公里。所以水是形成海洋的第一要素，没有水便没有海洋。

水本身就是"宝"，就是一个无与伦比的"宝库"。据测量，这13.7亿立方公里的水中，含镁1800万亿吨，钾500万亿吨，碘930亿吨，金1000万吨，铀200亿吨……

在这个特大的"宝库"中，我们先来说说第一个宝。

汪洋大海水是多，但那是不能喝的，也不能灌溉土地。海上航行，一旦发生断水事件，那比遇上千级大风还要糟糕。据调查，地球上缺水的干旱地区和半干旱地区有5000万平方公里，占陆地面积34%。

随着人口的增加，经济事业的发展，供水量越来越大。全世界工农业生产用水和居民的生活用水。我国首都北京，上世纪90年代初有8个自来水厂，供水量比1949年增加了27倍，仍然满足不了各方面用水的需要。

1979年联合国水利会议上，有人大声疾呼："水在不久以后，将成为一个严重的社会危机!"解决用水问题，就要开辟水源。既然地球上有70.8%水域面积，又何愁没有水用呢?原来海水是不能喝的，主要是因为含盐太多，海水平均含盐量3.5%，人喝了海水，不仅不能解渴，而且会渴得更加厉害。含盐分的水进入体内，随即从肾脏变成尿排出体外，人体肾脏排泄盐的功能非常有限，最高不能超过2%。遇到高于这种浓度的情况，口渴得不行，生理上要求补充淡水把留存体内的盐水稀释。如果喝100毫升海水，必须补充75毫升淡水去稀释。倘若没有淡水去稀释，人体机能自动把细胞里面的水挤出去，去稀释盐分，再排出体外。这样一来，喝进去100毫升，排出去175毫升，岂不是得不偿失?不仅不能解渴，反而渴得更加厉害，严重的还会出现脱水现象。如果人体失水11～20%，就会抽搐、耳聋、视觉模糊、精神紊乱，甚至死亡。

所谓海水淡化。主要就是去掉海水中过多的盐分。16世纪英国女皇颁布一道嘉奖令，谁能想出廉价淡化海水的办法，可以得到1万英镑的奖赏。这道嘉奖令发布了快400年，仍没有人拿到这笔奖金。原因是海水淡化的方法虽多，但耗费都比较高，没有廉价的。

沙漠地带，更是水贵如油，人们曾用一种朽木过滤器，可以得到少量的淡水，但是效果很不理想。

1606年，西班牙船工用蒸馏器在大帆船上提炼出了淡水，开创了人工淡化海水的先例。但是平日喝的水，里面含有人体需要的硫酸钾、硫酸镁、碳酸氢钠等微量元素。蒸馏水成分单一，久喝有损健康。所以直至今天，大海行船，都是预先储足用水，就像储备煤、油、粮食一样。航行中缺水断水，可以电话通知补给船送来。补给船就像公路上的加油站，它的任务是专给来往船舰加油添水的。贵是贵一点，但比海水淡化还是要合算些。现已经普遍采用低温蒸馏法淡化海水。大家知道，高山上煮东西，压力小，不到100℃就开了。如果只有1/43个大气压，水温20℃就沸腾起来了。将行船的废气热用在低温蒸馏机上，便可得到廉价的淡水。

海水淡化还有电渗析法、反渗析法、冷冻法。以上方法中，采用低温蒸馏法最普遍，占了90%以上。日本主要用反渗析法，最近一种低压、高流量、高脱盐率的反渗透膜研制成功，也可以获得廉价的淡水。

这个"廉价"，只是对过去而言。最早淡化海水，1千克海水仅能生产35千克淡水，现在1千克可以生产300千克淡水，当然可以算廉价，但比之自来水公司供应的水，那要贵7~10倍，所以英国女皇颁布的嘉奖令，至今仍有效，一直到目前，谁也没有去领这笔奖金。

海水淡化，都是在缺水无可奈何的情况下进行的，例如：中东干旱缺水的科威特和沙特阿拉伯，气候炎热。年平均温度33℃，夏季最高52℃，年降雨量37毫米，那里沙丘起伏，荒漠纵横，没有一处常年积水的江河湖泊，居民吃水用水，严加限制，工业用水更是困难之极。过去只好靠船载车拉，到国外去运水，现在已建起了许多淡化工厂，并将淡化的水储存在高耸入云的水塔之中，保证居民的用水。

洁白食盐海水生

在许多国家的语言里，盐字开头三个字母是"sal"。据说，这是为了纪念女神索露丝(salus)的。

相传在很古很古以前，人类学会了用火烤肉吃。可是时间一长，觉得淡而无味，便厌食火烤肉了。而且，人渐渐消瘦，浑身软弱无力。

健康和繁荣女神索露丝见此情形十分焦急。她知道，天神那里有个宝贝叫磨盐机，磨出的洁白晶莹的盐粒，会使食物变香。人吃了长劲。女神趁天神洗完澡沉睡的时候，偷了天神的金牌，在音乐之神的帮助下，从封闭的房子里，取出了磨盐机来到人间，将磨出的盐分给人们。

后来，天神发现女神偷了他的宝贝，限期让她送回天宫，否则予以惩罚。

女神决定不论承受多大风险，也要将磨盐机留在人间。她将磨盐机放在一个小船上，请海神保护。当天神正要惩罚女神时，海神站出来了，向天神虔诚地鞠了下躬说："尊敬的天神，是健康和繁荣女神索露丝的精神感动我了，我才愿意帮忙的。如今，我愿和女神一道接受你的惩罚，只求你别让女神失望，别让人间的无辜人民失望。"

天神听了海神感人的话语，瞧瞧女神那不屈的目光，心里若有所动，但又不愿失掉威严，只是冷冷地说："念你对人类一片真心，免予重罚吧。"说完，天神用圣杖一挥，小船连同磨盐机沉入海底。他对海神说："从此，你要用你的海水为人类服务。"就这样，磨盐机一直在海底转呀转呀，人类煮海水取盐。

虽然这是个神话传说，但是，盐与人类健康确是息息相关。人的血清中含盐0.9％，所以浓度为0.9％的食盐溶液叫做生理盐水。人必须每天吃盐，成年人每天需要10～12克食盐，正在成长发育的儿童需要量更多。这样才能维持体液的盐浓度，正常进行新陈代谢。盐在人体内起着重要作用，胃液中的盐酸就是由盐产生的，盐酸不仅有消化作用，而且还能杀菌。人不吃盐，就会浑身乏力，时间一长，会危及生命。

食盐不仅和人体健康密切相关，在工业上的用途更广、用量更大。它是纯碱、烧碱和盐酸的基本原料。有机合成产品如氯化乙烯、聚氯乙烯、氯丁橡胶等所需要的氯也源于食盐。此外，食盐在肥皂工业、染料工业、矿业、钢铁工业、皮革业、陶瓷业，以至于农业都派上用场。

现在，盐是极其便宜的物品了，人们花几元钱就能从商店买回一包精盐。可是在很久很久以前，盐是极可其珍贵的东西，远在6世纪，摩尔人贩卖的食盐价格是一两黄金买一两食盐。古罗马士兵的工资不是金也不是银，而是一包食盐。现在许多国家工资一词，就是由盐演变的。

有些国家，国王设宴时，盐罐总是在他的面前，然后按身价高低，确定离盐罐的远近。法国中世纪一本叫做《礼节大全》的书中规定：宴会上，主人和特殊贵宾坐在桌子头上，叫做"在盐之上"，次一等客人则坐在"盐下"。古埃及的人们随身带一把盐，做为避邪的护身符，遇到灾难临头，就赶快念叨：我要吃盐，我要吃盐。

英语中的许多习惯用法，更能表明历史上食盐所具有的魅力和能量。例如"到某人家去作客"，英语的字面意思为"和某人一起吃盐"；若指责费用太贵，英语的字面意思为"用盐太多"；"饶有风趣的谈话"，英语字面语为"饱含着食盐的交谈"等等。

随着科学的发展，人们弄清了盐的来历之后，就不会将其作为上帝一样加以崇拜了；随着产盐业的发展，人们也不以离盐远近划身价了。

海水中的盐是从哪里来的呢?大体上说，海水盐分有两条来路。

一是地球刚形成时，由于大量降雨和火山爆发，火山喷发出来的大量水蒸气和岩浆里的盐分随着流水汇集到海洋里，海水就咸了。不过那时的海水没有现在这样咸。后来，随着海底岩石里可溶性盐类不断溶解，加上海底不断有火山爆发喷出盐分，海水逐步变成。

另一条来路是，陆地上河流奔向大海的途中，不断冲刷泥土和岩石，把它们所含的盐分带到了大海。据估计，全世界河流每年带人海洋的盐分，至少有30亿吨。

从海水中制盐大概至今已有5000多年的历史了。在埃及(公元前2850～2550年)的所谓金字塔文字中，就出现"atr"的文字，它是一种钠盐，是用蒸发海水的方法制取的。

在我国古代，从海水中取盐，更有着悠久的历史。相传炎帝时(公元前4000多年)夙沙氏就教民煮海水为盐。从福建省发掘出土的古物中即有煮盐工具，证明了早在仰韶文化时期(公元前二三千年)当地人民已用海水煮盐。春秋战国时，位于山东的齐国专设盐官煮盐，并以此为富国之本。西汉《盐铁论》记载：汉代盐铁已成为"佐百姓之急，足军旅之费"。约在明朝永乐年间，开始建盐田，改煎煮为日晒，使盐业生产有了新发展。

到目前为止，世界上盐业生产主要有三种方法：盐田法、电渗析法和冷冻法。

盐田法又叫太阳能蒸发法，是很古老的方法。这种方法是在海边滩涂上筑起坝，设立水闸，滩涂上修整出一块块像稻田的阡陌。将海水放入一块块方田里，在太阳的照晒下，海的水分逐步蒸发，盐粒即可渐次析出。我国古代劳动人民在盐田生产中，积累发明了许多生产技术和经验。

盐田需要"纳潮"，即选择含盐分高的海水。人们发现，在不同情况下，海水中的含盐量也有变化。像暴雨过后，河水冲涮，海水中的盐分会变淡；久旱无雨，海水中的盐分高；在蒸发量大的地区，如冬季的黄海、渤海地区，因西北风加速海水蒸发，海水含盐量就高；潮汐把外海高盐度海水带进海湾，海水上层比下层盐度小。

由于地球自转的影响，北半球的潮流向右转，我国沿海地区涨潮流进入海湾后，其流向偏右，这样右侧海水含盐高；另外，水温高的海水盐度高，水温低的海水盐度低等等。我国古代劳动人民总结出这些规律以后，能正确选择盐田地点，并能选择含盐量高的海水晒盐。

目前，世界上绝大多数国家仍使用盐田法生产食盐，但生产技术大大改进，产量大幅度提高，生产的各个环节基本实现机械化。

电渗析法，是20世纪50年代开始研究、70年代成熟起来的一项制盐新技术。电渗析法制盐原理和电渗析法海水淡化一样，只不过一个在半渗透膜上取盐，一个取海水。与盐田法比较，电渗析法的优点是：不受自然条件影响，一年四季均可生产；占地面积小，生产15万吨盐，盐田法约占地500公顷，而它仅需20～23公顷地面即可建成全套设备；节省劳动力，所需人员只相当于盐田法的1/10～1/20；基建投资少。生产每吨盐的基本投资约为盐田法的1/5；卤水的纯度和浓度均比盐田法高。因此，电渗析法生产海盐有着十分广阔的发展前途。

冷冻法，是纬度比较高的国家采用的一种生产海盐的技术。像俄罗斯、瑞典等国家多用此法制盐。这种方法的原理是，当海水冷却到海水的冰点(-1.8℃)时，海水就结冰。海水结成的冰里面很少有盐，基本上是纯水。去掉冰，就等于晒盐法中的水分蒸发，剩下的浓缩了的卤水就可制出盐。

目前，世界上具有海岸的国家几乎都在生产海盐，其中以工业规模生产的约有60个国家，另有30个国家小规模生产。海盐是目前人类从海水中提取量较大的化学物质，年产量已超过5000万吨，占世界盐总产量的1/3。世界最大的海盐场是墨西哥的盐场，机械化程度高，年产量达600万吨。我国是世界上产盐量最多的国家，盐田面积由解放初期的9万公顷，扩大到目前的30多万公顷。我国海盐生产的技术工艺正在不断改进，机械化程度已提高不少。

向海洋要能源

人类最初是从地面上获得自己所需的用品，并且本领逐步增强，工具是锹、镐。后来，人类有了从地下获得自己所需的物质，日益完善的开采技术，使人类的生产力大大解放，人类不断释放出来的聪明才智，使人类社会逐渐向高层次发展。

地下丰富的物质财富，在加紧开采步伐的同时，常常使人类夜不能寐，万一地下资源开采光了呢？

譬如人类社会赖以生存的石油和天然气，有人计算过，自二次世界大战后，世界石油和天然气资源勘探速度加快，不断翻番。消费情况也大得惊人，自1950年至80年代初，世界石油消费飞速增长，从年消费5亿吨增加到40亿吨，30年增长了5倍多。据美国《石油和天然气》杂志的统计，如果以当前每年世界使用200亿桶石油的速度计算，现已探明的石油储量只供人类使用44.4年。已探明的天然气储量只可以开采51年。

这似乎有点危言耸听。但，地下资源的形成是经过了亿万年孕育和生长，而人类的需求和开采速度与地球的形成演变相比，可谓是一瞬间，因此，地下资源面临枯竭的状况是毋庸置疑的。

煤炭是人类能源的主要来源，至今仍然是能源的主力之一。20世纪50年代初期，人类60%的能源来自煤炭，到80年代，由于石油的广泛开发，已下降到30%。但是，这并不表明煤炭工业的发展呈下降趋势，相反，煤的开采却日渐增长。

据1986年11月在法国召开的世界能源会议的统计，全世界煤炭可采储量有8380亿吨，可供人类使用几百年。但是，这种统计仅是以当时的消耗水平为计算基数的，随着第三世界工业的不断发展，煤的消耗量也会逐渐增加，可供人类使用的年限也将大大缩短。

钢铁工业所需的原料，也日益减少，不少曾被人认为极为丰富且使用多年的矿山，有的已被夷为平地，有的也挖地百尺。钢铁原料资源的减少，使许多工业国家忧心忡忡。有色金属的生产也逐步受到资源的限制，有些工业国家担心自己的资源枯竭，力图从发展中国家进口原料。而稀有金属的生产，也难以使工业国乐观。譬如，对氧化铝的生产，美国氧化铝年生产能力已削减到300万吨，而日本的大部分氧化铝生产能力正在消失。与此同时，工业落后、生产力不发达的国家。则悄悄兴起，他们的资源刚刚开发出来，还可以乐观，但是以后呢?

面对这种严峻的形势，人类只好向海洋要能源和矿物了。

人类拥有海洋，这是人类的万幸。海底世界蕴藏着丰富的矿产资源，尤以滨海砂矿和深海沉积矿床最为丰富。在滨海砂矿中，主要有金红石、钛铁矿、独居石、锆石及金刚石。

据统计，世界上有95％的锆石、90％的金红石、90％的金刚石、80％的独居石来自滨海砂矿。世界深海底的锰结核总储量约为1.5～3万亿吨。锰结核矿含有铁、锰、铜、镍等50多种金属元素、稀土元素和放射性元素。如果全世界海底的锰结核冶炼之后，能提取的锰达4000亿吨，可供人类使用3.33万年；镍164亿吨，可供使用2.53万年；钴58亿吨，可供使用2.15万年；铜88亿吨。可供使用980年。

海底资源是人类的第二宝库。

到海滨去"淘金"

随着现代科技的发展，海洋向人类展示出越来越大的魅力，人类对海中资源的追求就越来越紧。

大海的海底砂中有不少稀有金属已富集到了值得开采的数量和品位。如在波罗的海和俄霍次克海的海岸带砂中，有一种叫钛的金属含量很大，当地人用吸泥机将砂从海中吸取出来，再加工，将钛提出来。在澳大利亚东南海岸，北美大西洋沿岸及非洲的一些海岸，人们发现了大量的红金石和氧化钛，特别是用于核技术的锆，在新西兰的东海岸已经有开采了，在阿拉斯加的西海岸也有开采。

海滨"淘金"热几乎在全世界所有国家都蔚然成风，谁都不甘落后，陆地上许多紧缺的工业原料都能在海中找到。

在前苏联极地海边施米特角附近的楚科特半岛沿岸，1968年发现了第一个海底金矿床，那里的人们欢呼雀跃，这块金矿床含量非常高。在大西洋底和斯卡格拉克也发现了金矿，俄罗斯人目前正在进行开采。前苏联沿海海区风浪不算汹涌，这为人们开采海底矿藏提供了很大方便。他们在波罗的海的磁铁矿、黑海的钛和磁铁矿、亚速海的铁矿、北极海中的锡、千岛群岛沿岸的钛和磁铁矿等海滨区域，获得了大量的矿藏。在前苏联的高加索的鲁斯塔维钢铁联合企业中，人们生产原铁的原料就是从黑海中捞取的铁磁矿精砂。

当前全世界所消耗的锆的精砂矿77%左右都是来自澳大利亚的浅海砂。澳大利亚每年仅从海洋中开采的金红石出口就可获2.5亿美元。海底锡矿也极为丰富，锡矿的开采已有很久的历史了，海洋锡矿的产区在马来西亚、印度尼西亚、泰国及美国阿拉斯加的沿海。英国西南沿海的康沃尔早在罗马帝国时，就已对海底锡矿进行了开采，锡矿层已经由浅海向深海中延伸。

日本南部的九州岛附近，在有明湾的浅海有一个巨大的矿层，这是世界上的最大磁铁矿，储量在17亿吨以上。在这里从15~35米深的海底中取上来的砂含铁量高达56%。在东京湾，日本人开采了巨量的富铁矿。这个海底铁矿使日本人极为兴奋，不亚于发现了新大陆，因为这个资源贫乏的岛国所需的钢铁80%是依靠进口的。

海洋中有磷钙石，这是早在1873年就被人类发现了的，这类化合物一般沉积在水深40~360米的海底，据海洋地矿专家估计，世界总储量有好几千亿吨，磷钙石含有20%~30%的五氧化二磷，它既可做磷肥，还可利用到火柴、玻璃、制糖、食品、纺织、照相、医药等方面中。

世界上滨海"淘金"业已有200余年历史，开发技术也不断更新。美国、澳大利亚、加拿大、日本等工业国家，由于他们海滨砂矿开发利用较早，海滨砂矿的研究程度也高，调查范围已扩大到水深50~100米的范围。印度尼西亚、泰国、印度、纳米比亚、南非等国，由于具有得天独厚的矿产资源和上百年的滨海砂矿开发经验，开发技术和选矿工艺等方面也比较先进。目前所采用的采矿设备基本上都具有规模大、效率高、机械化和自动化程度高，并能在水下作业等特点，常用的是挖泥船和采矿机。

南非于1978年设计了一种泵吸船采矿法，泵吸船可以直接在海底开采金刚石。开采时，将船开到已探明有金刚石富集的海底并放在坑穴区，把含有金刚石的砂砾吸到船上，然后再回岸上，经过淘洗、选矿就可以得到金刚石，这种采矿船每天可回收500克拉金刚石。除泵吸船外，南非还有6条浮动吸泥船，可在50米水深之上作业。生产15000吨含矿沙。纳米比亚有类似的船达10余艘，也是用于开采金刚石。

美国"海洋科学和工程公司"在1970年制造的一种人控水底挖泥船，船上只有两名工作人员操作，潜水深度15米，每小时能挖矿沙200立方米。美国的"诺斯特伦公司"新制造了一种深水挖泥机，工作深度为2000米，潜水时间是600小时，生产效率每分钟20立方米。意大利也有一种较先进的挖泥机，生产效率每小时为730立方米。另外，还有一些国家使用斗式挖泥机、泵斗式挖泥机等。

这些工业先进的国家，基本上都相应地建立了选矿厂，多数采用重选——电磁分离、静电分离、浮选分离和电子机控制的选矿系统，还有的在采矿的同时，将采到的砂矿，直接在采矿船上进行淘洗和选矿。

目前，世界上滨海砂矿的开发产值，已成为仅次于石油的矿产资源。

中国砂矿开发历史虽然悠久，但真正形成规模是在20世纪50年代初到60年代中叶，70年代以后，有了较大发展，滨海砂矿的调查研究和开发利用出现了新局面。沿海各省市地质、科研和生产部门，相互配合先后进行了海岸带资源调查研究和开发利用出现了新局面。沿海各省市地质、科研和生产部门，相互配合先后进行了海岸带资源调查研究，发现了金、金刚石、砂锡矿等，在浅水区圈出了40余个重矿物区。

现在已查明的100多个大、中、小工业矿床中，已有部分进入详查阶段。已经开发利用的有，锆石、金刚石、钛铁矿、磷钇矿、砂金和石英砂等，开采的砂矿床有30多处。

中国从滨海砂矿中提取的工业矿物，大部分用于本国，出口量很小。

中国的开发技术以土法开采为主，机械、半机械化的生产方式现在只有一部分。土法生产主要靠人力手工挖掘。并使用淘洗盘、流槽、手摇淘洗船等工具。泵船喷射泵开采，工艺算是较先进的，年产量只有20~30吨。采金船是最为先进的，但是数量极少。

中国的滨海砂矿极其丰富，但是，无论在调查研究方法上还是在在开发利用上，都不是很先进的，与工业国家相比，还存在着很大差距。调查范围在近岸，设备仪器也落后，从事海洋砂矿的专业人员少，采选手段和综合回收能力都较差，生产范围在近岸，生产能力为中小型。

海洋中的矿山

海底煤矿、海底铁矿、海底锡矿、海底重晶石矿、海底硫磺矿、海底钾矿和海底岩盐矿等，向人类展现出一个丰富的海底矿物世界。

早在19世纪，人类就得知海底蕴藏着丰富的煤。人们最先在陆上挖煤，之后，从陆上出发，向滨海乃至海底进发。英国在北海和爱尔兰海开采海底煤一般在100米深，英国是从16世纪就开始的；日本则是从1880年开始，他们在九州岛海底已开始了大规模的采煤作业。

加拿大在新苏格兰附近距岸边450米甚至5000米的海域开采煤。在智利海岸也同样进行了开采。土耳其在科兹卢附近的黑海中开了煤矿。英国和日本陆地煤炭资源不足。向海洋要煤炭的步伐迈得最快。现在，这两个国家所需的煤有10%~30%是从海底煤矿中获得的。

海底煤矿一般是从岸上开井口，由此向海底延伸。也有利用天然岛屿和工人岛开井口的，采掘方法有矿柱法、长壁采矿法、阶梯长壁采矿法等。这些采矿法与陆地煤矿差不多，所用机械设备也完全一样。目前各国正在研究用气化法开采海底煤。

目前世界上已开采的海底铁矿有两个，一个是切兰湾的贾亚萨罗·克鲁瓦矿。这个矿的发现是用地磁的方法发现的，开采方法从芬兰湾陆地开井口。1954年，人们在芬兰湾的尼哈门岛上挖了一个矿井，深300米，从这里向海底延伸，直达海底铁矿，约1.6公里，不久这条道中断了。目前采取的方法是从邻近岛上打竖井和水平坑道。另一处是在通过朱萨罗岛开竖井和2.5公里长的隧道进行。另外一个海底铁矿是纽芬兰大西洋海底矿，储量估计有几十亿吨，从贝尔岛的人口开采，已开采十几年了。

英国的康沃尔附近的莱文特锡矿是世界上唯一的海底基岩锡矿。该矿的锡矿脉离岸1.6公里，系直立锡矿脉，入口处也是设在岸边，开凿了岸边竖井，采取回采法，这个锡矿是个老矿，上世纪60年代末期进行改造，现在已完成了与旧矿区隔离的工程。

海底重晶石矿目前还不多，美国阿拉斯加重晶石公司在阿拉斯加附近的卡斯尔海域开采了海底重晶石。该矿场离海岸1.6公里，矿脉在海底下15.2米，由于覆盖层较薄，所以采用了水下暴露开采法，使用爆炸和采掘采矿工艺。

硫也是从海底开采的一种原料，早在1960年，英国的路易斯安那海滨，距岸边10公里左右的海中，首先进行了工业化生产。因为在北美开采流砂层下存在的硫困难很大，价格也最贵，便采用了陆地上开采硫的方法，这种方法在开采海底矿藏上也有应用。这种方法是事先钻一个钻孔，钻到储硫层，然后用一根25厘米粗的钢管插进，在这个钢管里插入一根直径15厘米的钢管，在这里面再插一个直径7.5厘米的钢管。通过较外层的管道压入170摄氏度的热水，热水通到管底足的上部进入硫矿层，这样便使硫熔化。熔化的硫就会流到最底部位，通过管底足的下部开口流进管道，内管通入压缩热空气，用这种压缩热气的力量通过中间管连同水一起从下面压上来。因为这种上升管以及在陆地上输送的管道都是用热水管包着的。所以输送过程中硫一直处于液体状态。按这种方法制得的硫纯度一般都能达到99.5%。

世界开采海底硫磺矿场，主要在墨西哥湾。开采的国家有美国和墨西哥。墨西哥的海底硫磺年产量达2000万吨，约占墨西哥硫磺总产量的20%，海底硫磺开采一般采用钻孔，加热熔融吸取法。

亨波尔石油公司在墨西哥湾格兰德岛附近钻探石油时，在距格兰德岛11.67公里处发现600米沉积层中有一个盐丘，在盐丘顶盖下含有大量硫磺，矿床面积约为数百英亩，最厚处约70～80米。不久，弗里波特硫磺公司采用改进的弗拉氏法对格兰德硫磺矿床进行了开采，井口设备高出海面约20米，整个海面平台建筑长达0.8公里，每天耗费36.8万立方米以上的天然气，以运转热水设备和涡轮式发电机。由于平台面积小，人员住所少，靠直升飞机运送人员和物资。

海底硫矿也很丰富，俄罗斯科学家在千岛群岛的岛架上也发现了有工业开采价值的海底硫矿。

波兰波罗的海沿岸，地质学家于1963年从陆地上发现了一个大的海底钾矿，就其成分来说，不用作太大的加工就可以直接作肥料。波兰人在海底挖了5公里长的坑道通到陆地上，尔后进行自动化开采。在一个中心操纵室内由专家控制，人们只要检查这些自动仪器的操纵情况和进行维修就可以。

英国纽克郡钾盐矿是海底基岩矿，该矿离海岸8公里，矿脉深度在海底1067米处。

加拿大戈德里奇岩盐矿是海底基岩中矿床，该矿离海岸760米，矿脉深度在海底下356.7米处，矿层厚度为22.87米，人口为岸口竖井，挖掘方法采用峒室和矿柱作业法。

海底矿的开采受海洋环境的影响较大，人们在这一领域的技术，还有待于进一步提高。

"海底热液"的开发利用

1974年7月，美法两国的调查船分别载着深海潜水器"西亚纳"号、"阿基米德"号和"阿尔文"号，来到了亚速尔群岛西南约124公里的大西洋中脊上方的海域。

7月10日，"西亚纳"号载着两名驾驶员和一名科学工作者离开母船，由两名潜水员护卫，徐徐沉入幽暗的大洋深处。

"西亚纳"号不断向洋底旋进，乘员们透过观察窗，看到洋底就像到处散布被打破的鸡蛋，流出像蛋黄似的东西，它们千姿百态，有的像一块薄板，有的像圆锥体，有的像一卷卷棉纱，有的像绳子。这奇异的景观，并不是一般的海底泉流，这就是被科学家称为"未来战略性金属"的海底热液矿床。

1977年，"阿尔文"号深潜器潜入加拉帕戈斯群岛附近的洋底进行考察，当下潜到3000米深处时，深潜器仿佛突然被一只无形的巨手擒住了，同时深潜器开始发热。

这是从海底谷的缝隙中冒出来的泉流发挥的作用。在喷泉口附近，浮游着各种各样前所未所有的奇异生物，有血红色管状的蠕虫，有大得出奇的蛤和蟹，还有一些类似蒲公英的生物。

科学家们发现，海底灼热的泉流刚喷出来时是白颜色，遇到冰冷的海水后，热液中含有的铜、铁、锌、钴、银、硫等矿物质便先后沉淀了出来，在热泉流周围形成一系列红、黄、棕、白、黑色的金属小丘。

海底热液矿床分布在火山活动的洋中脊裂谷处，火山岛弧地带或分布在与火山活动有关的裂断带和构造线上。热液矿床主要分布在三个区域：一是上层阶梯，即红海的大陆坡，离中心轴20～25公里，深度由600米下降到1200米。上面覆盖200～300米厚的沉积物，下面是较密集的中世地层；二是下层阶梯，即内裂谷岩壁，离轴线2～2.5公里，包括裂谷轴部的内裂谷深度为1500米～1800米，岩壁的上部是枕状玄武岩，下部是玄武质角砾岩。三是裂谷轴部，在地形上，沿裂谷轴线稍有起伏，它是由火山丘陵和小山链，以及其间的盆地和凹地组成。

海底热液矿床有很高的开采价值，世界各国都非常重视，特别是美、日、法、加拿大等国，对这种未来战略性金属的开发是极其积极的。

美国把海底热液矿床看作是未来战略性金属的潜在来源，美国国家海洋大气局制订了1983～1988年的五年计划。把处在美国200海里经济区以内的胡安德富卡海脊作为海底热液矿床的重点研究和开发对象。1983年，他们用"阿尔文"号潜艇对东太平洋海隆上北纬10℃～13℃的海域进行了调查，发现了24个热液涌出口，在一海山的南坡水深2620～2440米处，发现一个南北长500米，东西宽200米的硫化矿物沉积层。

日本人则花了75亿日元建造了"深海2000米"号潜艇用于海底热液矿物的调查。从1983年开始对马里亚纳海槽、四国海盆等地的热液矿床进行调查。日本地质调查所正在执行一个新的五年计划，准备对四国海盆等处的热液矿床进行调查。日本海洋开发中心准备用7年时间，投资220～230亿日元来建造下潜6000米的潜艇，用于海底热液矿床调查。

1985年初，加拿大多伦多大学的斯科特教授带领调查队乘"潘德拉2"号潜艇对温哥华岛以西约200公里的海脊进行了调查，发现了17个海底热液矿床沉积层，有3个宽度超过了150米，厚度超过了7米，据计算，总量超过150万吨。

尽管海底热液矿床的可观储量和所含金属的潜在价值，早就引起了各国的重视，但由于热液矿床的开发需要高技术、高设备，因此，开采方面还没有多大成效。到21世纪初，热液矿床的开采才能出现飞跃。

海底石油和天然气

19世纪90年代，人类便在沼泽地带寻找石油了。

随着科学技术的发展，钻探活动先是移动到湖泊、河流、河流的入海口、海湾。

海底石油和天然气储量极为丰富，在海洋矿产资源中居首位。法国石油研究所曾估量，世界可采石油资源最大储量为3000亿吨。其中海底石油占45％，为1350亿吨；美国海洋资源工程委员会则估计，世界石油可采量为2330亿吨，海底石油为780亿吨，占三分之一。

海洋天然气储量，据国际天然气工业研究所估计，为140亿立方米，约占世界天然气总储量的50％。

从1897年在美国加利福尼亚州米兰开始了第一次海上钻井，1947年墨西哥湾建立一口近海油井，人类开发海底石油已有近百年历史了，人类的开发能力一天比一天提高。

20世纪60年代以来，从事海底石油和天然气勘探的国家，最初是20个，到90年代初，已经增加到100多个，勘探的范围除南极洲外，遍及所有大陆架，有的已深入到较深的大陆坡和深海区。

勘探技术也日臻完善。19世纪末，人们只能在木筏上勘探海岸。近些年来，电子技术、数据处理技术等最先进的技术用于勘探，给人类带来了巨大的生产力，大大提高了资源勘探效果。大式钻井平台已达到了200米的水深，自升式钻井平台的腿长90至100米，新兴起的半潜式和钻探船可在3000米以上的水中钻探。建在钢筋混凝土柱子上的城市已傲然挺立在风浪咆哮的海面上。这是人类征服海洋，利用海洋的最好例证。

开发海底油气的新技术还将迅速发展。有关专家预测，现在，近海生产活动将要在水深600米的海区里进行，到21世纪，将在2000米以上的水深的海区进行。广泛地使用各种遥控作业船和常压载入潜水器，进行监测和海底作业，将促进现有工作能力的改善、简化，扩大作业范围。

将来的石油工业在海洋，这是被先进的科学技术证明了的。大陆上，将不会再有第二个中东了。

美国马萨诸塞州伍兹霍尔海洋研究所著名地质学家埃麦里博士说："海底石油比陆地石油多得多。因为无论你在哪里开采石油，甚至在沙漠上，那里以前也曾是海底。石油主要由海洋动植物遗骸沉积而成，通常的理论认为，必须先有富氧的环境和丰富的微生物堆积，厚度2～3公里，然后得有覆盖层的关闭、绝氧，在热和压力作用下演化成石油。"

海底资源一词，过去是用来表示鱼类的，现在不同了，石油是海底资源的重要部分。

我国海域辽阔，大陆海岸线长18000多公里，传统海疆面积约473万平方公里，大陆架面积130万平方公里。经过30多年的勘探研究工作，现已查明有17个以新生代沉积为主的中、新生代沉积盆地。估计有许多盆地的油气资源量达到100～130亿吨，构成了环太平洋区大含油气带的主体部分，是我国油气资源的重要战略储备基地。

我国近海石油还处在勘探阶段，现在只有渤海进行部分开发。另外，从1980年开始，中法、中日先后在渤海中部、西部和南部进行联合勘探开发。

在东海，1981年8月，我国在东海龙井构造上打成了第一口探井，井深为3400多米，发现了多层高压天然气和油砂；1982年，"渤海–4"号和"勘探–2"号钻井平台，又相继在东海打出了两口探井。

南海区域也证实有巨厚的第三系含油气地层，1980年4～5月间，中国与法国合作在北部湾打出了一口高产油井，日产原油320吨，天然气70000立方米；1981年元月又打了第二口井；1982年7月，在涠洲岛南部海区打成一口高产油井，初步获得日产135立方米的轻质、低蜡、不含硫的优质原油。

我国的勘探设备也也不断发展，1972年自行建造了一座自升式海洋石油平台——"渤海一号"；1979年又自行建造了"渤海三号"自升式海洋钻井平台；"渤海五号"、"渤海七号"等后续船也陆续建成；另外，从国外引进了几艘较先进的设备，并建成了十多座固定桩基式钻井、采油平台。海洋石油的运输，我国也做了很大的努力。现在。在青岛、大连等地建成了海底输油管道及供装油用的多处系泊设施。

我国在20世纪50年代前，曾被国外的许多人断言为是贫油国，事实已经打破这些谎言。现在，陆上不谈，仅海洋石油技术队伍已发展到近万人，已形成了一支能勘探和开发的海洋石油产业大军，拥有了测深、地震、磁力、重力等仪器以及先进的平台。

就全球来说，海洋石油和天然气的开发利用是不容乐观的，有人推测，如果把海底石油和天然气全部开发出来，按目前的耗油量，大约只能使用270年。

海洋中的核能源

1945年，美国在日本广岛、长崎扔下两枚原子弹，第一次向世界展示了核武器冲击波、辐射的强大威力。

人类发现核技术本不是用来毁灭人类自己的。自20世纪60、70年代以来，和平利用核能得到发展，核能日益渗透到人类生活中来。特别是70年代初出现石油危机之后，世界进入核电兴旺发展时期。到1990年末，全世界正在运行的发电核反应堆总数为424座，总装机容量为32450万千瓦，核电将占总发电量的20%。此外，用核燃料作动力的舰艇、海轮，数量也不断增加，连农业上也在试用核射线辐射种子以增加产量。可以说，在各个领域都开始开发利用核能。这样，势必加大对铀的需求量。例如，一个100万千瓦的反应堆需要几百吨铀。物以稀为贵。按1985～1986年国际铀价来看，1吨铀约4万美元。这还不算高，贵的时候1吨铀高达10万美元。然而，陆地上有开采价值的铀总共不过100万吨左右，况且分布又不均匀。于是，人们将目光移向了海洋。

海水里，铀的浓度虽然不高，每升海水只有3.3微克，但海洋无比巨大，海水又多，所以海洋里铀的总量相当可观，达45亿吨，相当于陆地铀储量的4500倍。

对海水中铀的研究，可追溯到1935年，当时人们测定了海水中的含铀量，但没有进行采集。英国是一个贫铀的国家，因此也是从事海水提铀研究最早的国家。第二次世界大战以后不久，英国就开始着手从海水提铀的研究。1952年，英国特丁顿化学研究实验室开始探讨用离子交换树脂从海水提铀，但效果不明显。1964年，英国哈威尔研究所又提出采用吸附法从海水中提铀的方案。1968年，英国从利用潮汐出发，考虑在米奈海峡建立年产1000吨铀的工厂，但因种种原因没有上马。1973年"能源危机"后，英国原子能管理局又成立"海水提铀研究会"，继续对海水提铀进行研究。

　　日本是世界上第一个建造海水提铀工厂的国家。日本铀埋藏量仅在8000吨，是个缺铀国家。从1960年开始，日本着手海水提铀研究，并于1986年4月在日本香川县建成海水提铀模拟厂。还提出了建立工业规模的海水提铀工厂的计划，预计年产铀1000吨。目前，世界上已有近20个国家，如俄、美、德等，都相继进行海水提铀研究，但水平与规模远不及日本。

　　我们知道，尽管海水中含铀量高达45亿吨，但浓度极低，要想得到3千克铀，就要处理100万吨海水才行。处理如此巨量的海水，给提铀生产提出了很多技术难题。目前，海水提铀成本是陆地贫铀矿提炼成本的6倍。这是至今提铀生产不能大规模进行的主要原因。

　　我国是利用核能比较广泛的国家。除了在国防军事上利用核能之外，在工农业各生产领域也广泛开发利用核能。我国目前已建造了大亚湾和秦山核电站。随着对铀的需求量的不断增加，对海水提铀的研究也势在必行。我国的海水提铀研究，开始于1967年。目前，整个海水提铀研究工作处于试验阶段，要实现工业化生产，尚需一段距离，还有许多技术问题有待解决，并解决对海洋环境影响等等。

　　人类充分发挥聪明才智，进一步进行科学实验，是能够攻克一个个技术难题的，海水提铀工业化定能实现。

海水馈赠的种种元素

海水中镁的含量仅次于氯和钠，位居第三，其浓度为1290毫克／升，总量为1800亿吨。镁和人类的关系极为密切。镁合金可用来制造飞机、快艇；照明弹、镁光灯那炽烈的光离不开镁；坚实的高压锅含有镁；镁肥能促进农作物的光合作用，增加农作物的产量；镁砖可耐2000℃以上的高温，是碱性炼钢炉不可少的炉衬；镁氧水泥硬化快、强度高，是优质建筑材料；另外，点豆腐的卤水其主要成分是氯化镁；患了便秘的人，可用硫酸镁作泻药。

随着钢铁工业的发展，对镁砂的质量要求越来越高。世界各国炼钢所需的优质镁砂，均要求杂质含量在2%～4%，目前纯度已达到99.7%。这种超高纯度的镁砂，可以满足冶金工业的特殊需要。因此，人们把海水作为镁砂的"宝库"，多年来，从海水里提取了大量的高纯度镁砂。现在美国、俄罗斯、日本镁产量的45%以上是从海水中提取的。

世界上最早从海水提取镁砂是在1885年。当时碱性炼钢法刚刚兴起，法国没有天然镁砂，就在南部海岸从地中海海水中提取镁砂，但因工艺设备不过关，很快就停产了。

英国也没有天然镁砂，只好从海水中提取。英国在1938年8月，进行工业化海水提镁试验成功，在东北海岸哈特普尔兴建了年产1万吨的海水镁砂厂。第二次世界大战后，随着钢铁工业的发展，英国多次扩建该厂，到1978年，年产量已达25万吨。该厂不仅是世界上第一个正式生产海水镁砂的工厂，而且在上世纪60年代前一直是世界上生产海水镁砂的最大工厂。

海水提镁，说起来简单，在实际生中，还有许多技术问题需要解决，其中最要紧的是解决海水的杂质。只有先除掉海水中的碳酸、硫酸钙、硼酸等杂质，才能生产出纯净的镁砂。

当今世界上除了美、日、英三个主要生产海水镁砂的国家外，还有十几个国家生产海水镁砂。目前世界海水镁砂的年产量已达270万吨，约占镁砂总产量的1／3。我国由于陆地天然菱镁砂矿资源丰富，镁及镁化合物的来源主要靠陆地解决，只是根据需要每年利用制盐卤水生产一些氯化镁。我国海水镁矿的开发，近10年进行了一些研究和试生产。研究的内容包括产品种类、海水预处理、沉淀剂、降硼方法等方面，并取得了可喜的成绩。

要想得到一张清晰的照片，离不开溴化银。当你的神经衰弱，受到焦虑、失眠困扰时，溴剂可用来镇静。

溴不仅与人类的生活和健康有关，在农业生产上也大有用途，用溴制作的熏蒸剂和杀虫剂，可以消灭害虫。

在工业方面，溴也有用武之地。目前溴大量地用作燃料的抗爆剂，用溴还能生产一种溴丁橡胶，并可以用来精炼石油等。

海水中溴的浓度较高，在海水中溶解物质的顺序表中可排在第7位，平均浓度大约为67毫克／升。海水中溴的总含量有95万亿吨之多，占整个地球溴总储量的99%以上。

1928年，法国23岁的化学家巴拉德首先在地中海的海水中证明了有溴的存在。第二年，巴拉德用氯处理海水卤水后，蒸馏而得到了溴。今天制溴工业的基本方法，仍沿用当初他所采用的方法。

1840年溴被用于照相技术，提溴业就急剧发展起来。当时溴是从卤水和天然浓盐水中提取的。1865年，有人利用制取钾盐剩下的溶液，采用二氧化锰和硫酸氧化法提溴。1877年改为连续的氯氧化法提溴。1907年德国人库比尔斯基在此基础上又进行了重大改进。美国人于1889年提出用电解法提溴，后来又采用空气吹出新工艺。并被用于直接从海中提溴，获得进一步发展。

1921年溴加入汽油中可作抗爆剂后，二溴乙烷的用量剧增，促进了制溴工业的发展。溴的用量从1920年的500吨，发展到1930年的5000吨，于是海水提溴形成工业化生产。1933年美国建立了日产7吨溴的工厂，此后英、德、法、日等国也相继建立了海水提溴工厂。这样，世界溴产量的60%～70%由海水中提取。世界上最大的海水提溴工厂在美国，建立于第二次世界大战期间。该厂生产的溴，几乎占了世界海水提溴总量的2／3。

最近，美国着重于天然浓盐水的资源开发，海水提溴因成本高而逐步停止生产。但英、法、日等国因缺乏浓盐水资源，只得仍以海水提溴为主。

目前。海水提溴的总产量每年为20多万吨，其中大部分是美国生产的，它以天然的浓盐水为原料。

我国从1967年开始进行空气吹出法由海水直接提溴的研究，1968年取得试验成功，尔后青岛、连云港、广西北海等地相继建立了年产百吨级的海水提溴工厂进行试生产。树脂吸附法海水提溴研究，我国于1972年试验成功。1977年，山东海洋学院研究发现了一种JA-2号吸附剂，可同时高效能地吸附海水中的溴和碘。使用JA-2吸附剂每克吸附剂通流海水，在较短时间内可吸溴达10万微克左右。JA-2号吸附剂原料易得，制作简单，通流海水损失少，可反复循环使用。

世界的溴主要用于作汽油抗爆剂，其次是作农药。但这两方面都有污染环境的问题，因而已被限制使用，这样就影响世界制溴工业的发展，不少制溴工厂已转向对海水中其它成分的综合利用。相信随着科学技术的不断发展，人类将会发现溴的新用途，那时海水制溴工业将得到发展。

在海水这个宝库里，人类除了提取食盐、铀、镁砂、溴之外，还提取其它微量元素。这些元素有的已形成工业规模生产，有的还在研究之中。

海水中提钾主要用来制造钾肥。此外，钾在工业上可用于制造钾玻璃，这种玻璃不易受化学药品腐蚀，常用于制造化学仪器和装饰品。钾亦可制造软皂，可用作洗涤剂。钾铝矾(明矾)可用作净水剂。

海水中钾的含量为500万亿吨，远远超过陆地钾石盐等矿物的储量。因海水中含钾浓度低，仅为380毫克／升，用以生产钾肥的成本很高，长期以来，还只是利用生产食盐后的苦卤少量生产钾肥。

"重水"，是海水中蕴藏着的巨大能源。有人估算，如果把海水中含有的200万亿吨重水都提取出来，可供人类上百亿年的能源消费。什么叫"重水"呢?众所周知，水分子由氢和氧两种元素构成，普通氢原子量为1，但氢不只是一种，还有两种稳定性的同位素：一种叫氘，一种叫氚，它们的原子量都比普通氢大一倍，所以又叫"重氢"。由重氢和氧构成的水叫"重水"。"重水"可作原子反应堆减速剂，也是制造氢弹的原料，还可用来发电。据计算，1千克氘燃料，至少可以抵得上4千克铀、1万吨优质煤。1970年，美国在哥拉斯湾建立了一个年产200吨"重水"工厂，由于腐蚀严重而停产。目前世界各国正在努力从事海水提取"重水"的研究工作。

海水"淘金"，也是人们所渴求的。海水中黄金含量虽然不怎么高，但总量已达500万吨。海水中黄金的浓度为4毫克／升。由于浓度太低，至今未取得成效。但黄金太有魅力了！人们处心积虑地研究海水提金的办法，目前关于海水提金的方法，已有多篇专利文献。

此外，人类还从海水里提取芒硝、石膏、硼、锶等元素。

海水含有的元素多属微量元素，浓度极低。在全球137亿亿吨海水中，97%左右是水，各种盐分平均只占3%～3.5%。即约5亿亿吨。而在这大约3%的盐分中，单是食盐就占78%，镁占15%，石膏占4%，钾盐占2.5%，其余所有元素一共只占0.5%左右。因此海水提取元素又叫做"稀薄工艺"，需要处理极大量的海水。例如，获得1吨食盐要抽取大约40吨海水，提取1吨镁要处理770吨海水，提取1吨溴要抽海水约2万吨，如提取1吨碘或铀，分别要处理2000万吨或4亿吨海水。因此，人类从海水提取宝藏正在走综合开发的路子，即一次提取海水，同时提取多种元素。例如把制盐和提镁、溴、钾结合起来，抽取海水之后先脱镁，再制盐、提溴，最后分离钾肥。据有人估算，如果建立一个年耗电5万度、抽水量40万吨的海水扬水站，每年约可生产10万吨氯化纳、3万吨芒硝、5000吨镁、5000吨石膏、2400吨硫酸钾、250吨溴和100吨硼酸，所抽取的水中还含有近600吨"重水"。还可获得700千克锂、200千克碘和10千克铀等等。当然，要想把海水中这些元素一次性地提取出来，技术要发展到相当水平。相信随着科学技术的发展，海水这个"液体宝库"会赠给人类越来越丰厚的礼物！

海底的"金属团"

听过"锰结核"这个名称吗?它是一种深海底矿产资源。它的外形像土豆,直径一般在1~25厘米之间,最大的直径1米,重几百千克。颜色多是深棕色或土黑色,里面是层层密实的结核。因其中锰金属含量较高(15~30%),所以叫锰结核。其实叫"多金属核"更确切一些,有的竟含几十种金属,因此人们又叫它"海底金属团"。海底金属团中最有提取价值的有四种:镍、铜、钴、锰。

锰结核是怎样形成的呢?至今还没有一致看法,有的说来自沉降海底动植物的遗体,有的说来自海底火山爆发产生的火山岩石,有的说是河流将大陆上金属元素和沉积物带到海洋中经过自生化学沉积而形成的。

早在1873年2月18日,美国"挑战者"号船环球考察时,就在北大西洋海底采到锰结核,但没有引起重视。1882年,瑞典"信天翁"号也对锰结核作过某些考察研究,也没有引起足够的重视。直到1959年美国科学家L·梅洛根据"挑战者"号和"信天翁"号等船的考察成果,测算出锰结核所含的金属成分和全世界海洋的大约储量,并提出将成为铜、钴、镍等金属的新来源,锰结核的地位才愈趋升高,受到许多国家的青睐。

通过大量调查测算,初步估计整个海底锰结核总储量达30000亿吨,以太平洋底最多。达17000亿吨,其中镍164亿吨,铜88亿吨,钴58亿吨,锰4000亿吨,价值约为60万亿美元,这是一个多么巨大的金属宝库啊!

太平洋中北纬6°~20°,西经110°~180°,面积1080万平方公里的区域,锰结核最富集,有的彼此连成一片,被称为"超级海底地毯",如果把它们开采出来,可得镍2500万吨、铜1900万吨、钴420万吨、锰47000万吨,价值4120亿美元。

不过,锰结核大多分布在4000~5000米深的海底,那里有高达

400～500的大气压，如果没有特殊的设备，当然人是下不去的，就是采矿装置要放到那里去，也有许多特殊要求，因为承受这么高的大气压一般的装置在半路上都会成为废品，所以至今还处在试验阶段。

美国"吉普赛矿工"专用船，已从9000米深的地方，每昼夜采取16000吨。从近几年的发展趋势来看。进入商品化开采和冶炼的日子已为时不远了。

海水发电

海水中有电吗?这些电来自何处?能用来照明、开机器吗?

我们说的海水中的电,不是电鳐、电鳗等海洋生物所发出的电,也不是开采海下石油,天然气燃烧发的电,而是海水运动所产生的能量转换来的电。它同样可以照明、开机器,它是一种最廉价的电,一次投资,百年受用,取之不尽,用之不竭。

当你立在海边悬崖峭壁前,会看到汹涌澎湃的波涛,不停地冲打着岩石,溅起千尺浪花。大海好像有着使不完的劲,日复一日,年复一年,从早到晚,不停地拍打着,坚硬的岩石变得千疮百孔。人们作过测试:强波对1米长的海岩线所作的功,每年约10万千瓦小时,强波对每平方米的石面冲击力可达20~30吨,最大可以超过60吨。飓风所掀起的大浪,可把100吨重的岩石抛到20米高的地方,可以把万吨大船推上几百米的远处。有人作讨计算,浪能量每秒钟为2.7×1200瓦,每年的波能总量为23万亿千瓦小时。

海水运动包括水平运动和升降运动,海浪冲击只是水平运动,能量之大,已是惊人,而升降运动所产生的能量更无法估计。前面我们说过的潮汐能,全世界蕴藏着27亿千瓦,若利用起来,年发电量可达12000亿度。

在热带海区,太阳直射,90%的太阳能都被海水所吸收,海面温度高达25~30℃,而40米以下的水温只有5℃,这一温差,潜藏着巨大能量,据计算,海水温差能(又称海洋热能)蕴藏有500千瓦。

首先提出温差发电方案的是法国物理学家德阿松瓦,第一个用事实证明可以发电的是他的两位学生克劳德和布谢罗。

1926年11月15日,在法兰西科学院大厅里,座无虚席,全部目光都集中到试验台两个烧瓶和连着一圈电线的小灯泡上。左边的烧瓶里放入冰块,并保持在0℃(模仿海洋深层水温)。当克劳德开动真空泵抽水机抽出右边烧瓶中的空气时，温水沸腾，水蒸汽吹动涡轮机旋转并带动发电机发电。一瞬间3个小灯泡同时发出耀眼的光芒，顿时激起全体观众一阵热烈的掌声。

为什么真空泵抽出烧瓶内的空气，温水就沸腾起来了呢?因为开动真空泵后，瓶里气压便低，水的沸点也随之降低。实验表明，当水的压力只有大气压的1／25时，水的沸点只有28℃，水便迅速变为蒸汽。高速的蒸汽推动涡轮机转动，涡轮机又带动发电机，便发出电来。通过涡轮机的蒸汽进入左边的瓶子后，被瓶内冰块冷却而凝结成水，所以右边瓶中始终保持低压，水也不断汽化。这虽然是一个小的试验，但它证明海水温差可以发电。1930年克劳德在古巴建立了世界上第一座水温差发电站，用事实展现出利用海洋热能的广阔前景。

从目前情形看，海洋温差发电最有发展前途；从技术条件看，潮汐发电、海浪冲击发电已普通实施，进入商品化生产阶段。发达国家在利用海洋能发电方面各有侧重。美国侧重搞温差发电，英国侧重搞海浪冲击发电，日本侧重于搞海浪和温差发电，法国、俄罗斯侧重搞潮汐发电。

海洋能发电，没有污染，建厂投产以后，长期为人类服务，这是一件大有可为的事业。

◎ 海洋生物 ◎

　　最原始的生命大约在30亿年前诞生在海洋里。

　　海洋是生命的摇篮。从无机物到有机物，从植物到动物，一切生命都是从这里开始……

生命在海洋中诞生

地球已经有40多亿年的历史，最原始的生命大约在30亿年前诞生在海洋里。海洋是生命的开始，是生命的摇篮。为什么最原始的生命只能诞生在海洋里呢？

第一，水是孕育生命必不可少的条件。水是生命的重要组成部分。植物也好，动物也好，只要它活着，还在起新陈代谢的作用，体内必有许多水。没有水，体内一系列的生理和生物化学反应就无法进行，生命也就停止了，也不可能活下去。生命最初只可能在水里生，水里长，水里繁殖，水里进化，水是孕育生命必不可少的条件。

第二，海水是一种良好的溶剂。海水是一种天然的最好的溶剂，海水里面含有许多生命所需的无机盐，如氯化钠、氯化钾、碳酸盐、硝酸盐、磷酸盐、还有溶解氧。原始生命就是吸取这些东西作养料而发展起来的。

第三。海洋是天然的温床。海水具有很高的热容量，任凭夏日烈日暴晒，冬季寒风扫荡，温度变化都不大。幼小的原始生命娇得很，经不起严寒和酷暑的折腾，它只适宜在既不太冷又不太热的环境中生活。浩瀚的海洋就是天然的温床，原始生命就在这温床上诞生成长。

第四，海水是抵御外侵的坚不可摧的防线。原始生命小得可怜，怕风，怕雨，怕太阳，倘不是海水成为一道坚不可摧的防线，风可以把它卷走，雨可以把它淋死，太阳可以把它晒干，它怎么也不可能活下去。当然，阳光是生命所需要的，但得有度，特别是阳光中的紫外线，多照一下，原始生命就有可能被扼杀。

海水能吸收紫外线，紫外线照不到水中原始生命身上去。这是一道天然屏障，一道抵御侵犯者的坚不可摧的防线。

原始生命经过亿万年的进化，今天的海洋，可谓是洋洋大观，生机盎然，有五彩缤纷的藻类，有五光十色的贝类，有千姿百态的鱼类，还有身体庞大的兽类。大大小小的动物、植物20多万种。有人估计，整个大洋大海每年可产1350吨有机碳，在不破坏生态平衡的情况下，每年可提供30亿吨水产品，至少够300亿人的食用，海洋给人类提供的食物，将是陆地耕地面积所生产的粮食数量的1000倍。海洋之富饶，可以想见。

海洋生物种类之多，数量之大，谁都说不出一个准确数字来。还有许多海洋生物之谜，等待人类去探索……

五彩缤纷的藻类

　　海洋也跟陆上一样，有很多很多植物，种类虽远不及陆上，数量却大大超过陆上。海里植物叫海藻，有的似马尾，有的似彩带；有的红艳艳，有的金灿灿，有的绿油油；有的扎根海底，有的随波逐流；有的身高几百米，体重若干吨，有的却只能在放大镜甚至显微镜下才看得见；有的不畏寒冷，零下几十度，过得舒舒服服；有的不怕炎热，80℃高温，生活得自由自在；有的寿命很短，从生到死只有几天时间，有的年过花甲仍可以繁殖后代。

　　大大小小的海藻有25000多种，人们按照它们所含的色素、形态等可分为11大门：绿藻门、褐藻门、红藻门、甲藻门、硅藻门、金藻门、蓝藻门、隐藻门、轮藻门和眼虫藻门。其中大部分是浮游藻，占了99%以上；定生藻极少，不到1%。浮游藻是海洋的主人，算它的资格最老，历史最长，人马最多，分布最广，代表海洋初级生产力。它是食物链上第一个环节，说到底，海洋所有生物赖以生存全靠它，它既是生命的开始，又是生命潜在发展的保证。但由于浮游藻个体太小，人一般不取来食用，所以在人们心目中的地位并不很高。所谓海藻资源，主要指绿藻、红藻、褐藻等定生藻。

　　绿藻。含有叶绿素，叶片翠绿，犹如菠菜，有5000多种，它只能生长在五六米深的上层。

　　红藻。含有红藻素，呈紫红色，有4000多种，绝大多数分布在海洋里，吸收绿光和黄光，可在百米深的地方生长。

　　褐藻，含有褐藻素，呈深褐色，有1500多种，吸收橙光和黄光，可在水深三四米的地方生长。商场上销售最多的海带、裙带菜属此类。

　　海藻属原始植物，跟陆地上的高等植物不同，它没有真正的根、茎、叶的明显分工，更不开花结果。定生藻有类似高等植物的根的"固着器"，可以固着在礁石上或其它基质上。

在众多的藻类植物中，海带和紫菜是我国人民最喜爱的两种。

我们行经海边，常会看到海面上漂浮着一排排玻璃球或竹筒，那就是海带养殖场。海带被称为"海上庄稼"，它喜欢生长在水流畅，水质肥沃，水温一般不超过20℃的浅海区。因此，海带过去只能在北方养殖。经过反复实验，现在成功地移植到南方，养殖面积超过了20万亩，产量已达20多万吨，占整个养殖总产量44％。我国海带的产量和培植技术，都达到了世界先进水平。

海带是怎样繁殖的呢？母海带成熟后，表面的细胞就变成孢子囊，孢子囊成熟后就裂开了，小孢子便散落在海水中。小孢子长着两条会运动的鞭毛，能游泳，所以又叫做"游孢子"。孢子固着不动，发育成雌雄配子体，成熟后排出卵子和精子结合成合子，合子才形成新的的一代海带。

人工育苗，是将育苗器置入有成熟海带的海水中，让孢子附着在育苗器上，然后取走，放入低温育苗室里，等幼苗长到1～2厘米，再挂到海中筏子上培育。幼苗长到10厘米以上，就像拔秧一样把它拔下来，夹入绳子的夹缝里，每隔尺来远夹一株，再拿绳子把它挂在海中浮架或竹筒上，让它生长。让绳子连贯起形成一排排浮筏，便于管理，增加产量。

海带的经济价值极高，它含有丰富的碘，人如果缺碘，就会得"大脖子病"，我国内地，特别是山区，食物里常缺少碘，容易得这种病。所以说它不仅是菜，而且是药。海带中有维生素、蛋白质、脂肪、矿物质等多种营养成分。多吃有益于健康。海带是带碱性的食物，能够中和人体因疲劳和新陈代谢时所产生的酸，特别胃酸过多的人，吃了大有好处。

紫菜是红藻的一种，它的叶子薄如蝉翼，有圆形、椭圆形和长盾形多种，叶子黏滑，下部有假根附在岩礁上。养殖紫菜没有海带那么费事，远在唐代，我国沿海劳动人民就会养殖；今天，从辽东半岛到广东珠江口都有养殖。

养殖紫菜的方法，在福建的平潭、莆田等县，先用石灰水刷岩礁，消灭杂藻，给紫菜一个卫生舒服的生活环境。藻农按月轮采，用手拔取，滚成卷，阴干，叫鼠尾菜；摊在竹帘上晒干叠成片状，叫菜饼。市场上出售的多是后一种。

紫菜味道鲜美，营养丰富，做汤特别好吃。养殖紫菜，成本低，质量高，成熟期短，养殖技术又比较简单，是一种大有发展前途的海中植物。

我国科学工作者，对紫菜养殖孢子来源问题，已找到答案。紫菜孢子离开母体后，就穿入贝壳，形成发丝状体，成为壳斑藻，它们就在那里过夏。培养这些贝类，一个半月后，水降低到20℃左右，以人工摇动代替风浪，这时候，贝壳上的孢子就放了出来，如果把它置养在海里，就逐步成长为紫菜。用这种办法，收成将大量增加。

其他海中植物，比较著名的，有细长如发丝的江蓠，形状像狐狸尾巴的鹧菜（驱虫良药），经济价值最高的石花菜等。

"水晶宫"中的珊瑚

　　神话中和舞台上的"水晶宫"，有一样东西是非摆不可的，那就是美丽的珊瑚。珊瑚本是海中瑰宝，摆上它，"水晶宫"的特色就出来了；摆上它，雍容华贵的富态就出来了。

　　现在人们的生活水平提高了，美丽的珊瑚进入千家万户的书桌上、橱窗里。它那繁茂的枝杈就像一截树枝，因此，许多人直觉地叫"珊瑚树"。

　　其实，它不是树，而是动物，是水母族腔肠动物。珊瑚是由很多珊瑚虫共生在一起形成的。珊瑚的种类繁多，有2500多种，如连化石计算在内共4000多种，现在叫得出名字的有柳珊瑚、白珊瑚、宝珊瑚、石花珊瑚、泡沫珊瑚等等，其中以宝珊瑚最贵重，它像分枝细密的树枝，表面呈淡红色，所以又叫"红珊瑚"。

　　单个珊瑚虫像只小袋子，在"袋子"边缘长出许多美丽的像花瓣一样的触手，这些触手伸开来，引诱小虫小虾游过去，随"手"就把这些好吃贪玩的小虫小虾逮进去，送进袋子里吞吃掉。

　　珊瑚虫每生活一天，就能长出一条线来，人们叫它生长线，一年365天，它就有365条生长线，这有点像树木的"年轮"。由于气温的变化，生长线有粗有细，可以从粗细的变化中确切地知道它的寿命。珊瑚是古老海生动物，几亿年前就生活在地球上，现在发现某些地质年代的珊瑚化石，它的"年轮"不是365条生长线，而是380～420条生长线，这说明在那些地质年代，地球一年不是自转360圈，而是380～420圈，那时地球自转速度比现在快得多。看来地球的自转速度不是恒定的。

　　珊瑚虫对生活环境的要求非常严格，它喜欢生活在暖性的海洋中，最好的水温是25℃～36℃，最高不超过37℃，跟人的正常体温差不多，最低不低于13℃。所以它只能生长在热带、亚热带的海洋中。寒流经过的地方，即使是赤道附近，它也不能生长；暖流经过的地方，即使纬度高一点它也能生长。珊瑚爱吃得咸一些，在江河入口的地方，淡水海水参半，盐分不浓，对它的生长不利。

单个的珊瑚小得可怜，但它不喜欢独处而爱群居。活珊瑚虫生长在死珊瑚虫的骨骼上，一个瑚礁不只是亿万个珊瑚虫的相加。珊瑚虫单靠自己的力量是建不成珊瑚礁的。礁的骨架是由双壳软体动物牡蛎、蜗牛和棘皮动物的甲壳堆积而成的。

热带、亚热带的浅水区的珊瑚礁，好像一个百花园，不仅有五光十色的珊瑚，还有大量的藻类、螺、贝、鱼虾成千上万种生物，简直是海生物聚居的"大城市"，珊瑚在众多的生物包围之中，将许多宿敌变成盟友，大家十分融洽的生活在一起。珊瑚与虫黄藻的关系更加微妙，虫黄藻形体很小，在珊瑚体内几乎无处不有。虫黄藻，吸收珊瑚排出的二氧化碳、磷酸盐和硝酸盐，把自己养肥长大，同时又通过光合作用，制造出氧气，各种维生素、激素和其他生命需要的物质供给珊瑚，帮助分泌钙质，制造骨骼，究竟谁依赖谁，谁是主人，谁是寄生，谁也说不清。这种共栖共生现象，似乎与达尔文的"种间竞争"背道而驰。

有的珊瑚礁大得吓人，那是亿万年群体生活的结晶，海底上升反托出水面而成为珊瑚岛，有的深藏水底成为暗礁，有的紧挨岛屿或大陆成为岸礁，有的像一道半圆城墙把海湾封闭起来，成为环礁。我国南海、东海有不少珊瑚岛和珊瑚礁。世界最著名的珊瑚礁要算大堡礁，它北起托雷斯海峡，南至斯文礁堡，绵延伸展2400公里，最宽240公里，最窄19.2公里，大部分在水下，500多处露出海面，成为岛屿。它像一座海上长城，紧紧护卫着澳大利亚东部海岸。

美丽的贝和珍珠

我们的祖先不仅爱珍珠，而且爱贝类。对海贝的捕获和利用，已有相当悠久的历史了。5万年前，人们就知道捕捉食用海贝了。在他们住过的洞穴中，发现一堆堆食用过的各种海贝的化石。4000多年前，古人就开始使用贝来作货币，我国汉字与价值有关的字，大多是"贝"字旁，如货、财、贵、赚、贮、贯、贸、资等等，原因就在这里。

海贝不仅可以食用，还可以作药。贝中提炼的骨螺素可医治肌肉松弛。用四种海贝制成的舒郁丸可医治甲状腺癌。鲍鱼壳可以"平血压，治头晕"之功效。

海贝的种类甚多，仅我国西沙群岛就有250多种。单壳的有鲍鱼、红螺、海兔……双壳的有形同扇子的扇贝，有唐人称为"东海夫人"的贻贝，有极富营养价值的牡蛎……个头最小的是泥蚶，3年才长3.2厘米，个头最大的是砗磲，壳大如车轮，约有2米长。

能生产珍珠的海贝也有20多种，最有名的有4种：大珠母贝、珠母贝、马氏珠母贝和企鹅珠母贝。大珠母贝块头大，贝壳高32厘米，重4～5千克，为珍珠贝之冠。珠母贝块头小，高不过15厘米，它产一种黑色珍珠，最受人们的喜爱。马氏珠母贝块头更小，只有10厘米高，但它分布广，数量多，姑娘们佩戴的珍珠大多是这种贝产的。企鹅珠母贝产一种巨型游离珍珠，呈紫红色，价格最高。

我国广西合浦珍珠自古负有盛名，有1700多年开采历史，以颗粒圆润、凝重结实、色泽鲜艳、宝光莹韵而驰名中外。自古以来就有"西（西欧）珠不如东（日本）珠，东珠不如南（南海）珠"的说法。国际市场上合浦珍珠是最受青睐的商品。

珍珠是怎样形成的呢?珍珠内不仅含有丰富的钙，而且含有磷、镁、锰、锶、铜、铝等多种元素。它是贝壳外壳膜分泌而成的。当珠母贝的外壳膜的内外表皮细胞之间，侵入了小砂粒或小虫子什么时，便产生一种刺激，使它感到很不舒服，从而就围绕小砂粒或小虫子分泌大量的珍珠素，把它包在里面，日子久了，一颗圆溜溜的小珠子便形成了。

　　我国南海沿岸，天气炎热，水温较高，贝类成长极快，发展珍珠生产是大有可为的。

我国的"四大海产"

我国有世界上最大的海洋渔场，面积约280万平方公里，占世界渔场总面积1/4，鱼类有1500多种，其中主要的经济鱼类有200多种。大黄鱼、小黄鱼、带鱼和乌贼，被称为我国的四大海产。

大黄鱼生性怕冷，它们家在东海、南海。每到春暖花开的季节，特别是生机勃发的夏天，大黄鱼便成群结队游到浅海区觅食和玩耍。秋冬水温降低。它们就潜到深水区待着不动，对故土有着最深的感情，子子孙孙都不曾离开国门一步，所以有中国"家鱼"之称。

小黄鱼娇得很，既怕冷又怕热，生活在黄海、渤海一带。一到冬季便向南进行适温洄游。洄游时，组成一个小黄鱼的大兵团，分期分批开往南方新阵地。鱼群来了，老远老远就听到鱼叫声，就像秋天夜晚蛙鸣一般。渔民们在这个时候打捞最容易，一网就要捞几万条。

带鱼形如飘带，故名"带鱼"，长似刀剑，又名"刀鱼"。一般身长一米，大的可达两米，银白色，鳞和腹鳍都退化了。喜欢生活在盐分较高的地区，游速很快。如果鱼族举行游泳比赛，第一是箭鱼，第二是金枪鱼，第三恐怕就是它了。

乌贼，不知谁给它取这么一个难听的名字。它既不偷又不抢，何"贼"之有。它长着一个墨囊，贮藏着墨汁。当它外出觅食，遭遇危险的时候，便使劲一挤，墨汁冒将出来，像放烟幕弹一样，霎时间，水变得漆黑一团，它便逃之夭夭。这仅仅是保护自己的一种迫不得已的措施，所以它不应该叫"乌贼"。它还有一个名字叫"墨鱼"，这个名字好，既去掉那有失尊严的"贼"字。又反映了它施放墨汁这样一个特性。

乌贼有好几种，有一种叫玻璃乌贼，全身透明，体内掺杂有红、绿、蓝、黄等彩斑，漂亮极了。还有一种叫"萤"的乌贼，眼睛下面有5个圆点，都是发光器官。它们在漆黑的深海区，放出光来，能照耀一米多远。我们平日在食品店里买的干乌贼，个头都不大。其实最大的乌贼有18米长，30吨重，它可以跟鲸鱼打架哩。

海鱼种种

在我国南海一带，常能见到掠水凌空飞翔的鱼，故名"飞鱼"，又叫"文鳐"。实际上它并无翅膀，不属飞禽，也不能飞。只因为它的胸鳍特别发达，像鸟的翅膀那样可以盖住大半个身子。

它在起"飞"之前，先在水中加快游动速度，经过一段距离的加速，就像即将离开地面的飞机，有了一股支起全身上跃的冲力，在离开水面那一瞬间，它把胸鳍和腹鳍紧紧地贴在身体表面，以减少阻力，又凭借海浪，尾部作剧烈的摆动，产生一种后助力，终于把身体推出水面。一旦冲出水面，就立即张开胸鳍、腹鳍，又依靠空气浮力，腾空滑翔。

这种滑翔的速度，每秒钟可达10～20米，滑翔距离200～400米。但毕竟不能像鸟那样上下打扑，冲出水面一般有五六米高，最高也不过十一二米。它们作一次滑翔飞行，得耗费体内很多能量，不到万不得已是不会飞的。

海里还有一些十分凶猛的鱼，如鲨鱼、箭鱼和金枪鱼，它们以残杀同类为乐，飞鱼一旦碰上比自己游得快得多的"天敌"，如果在水里逃跑，那只是死路一条。往天上"飞"，什么样的强敌，也只能干瞪眼。

不过海鸥也喜欢吃飞鱼，如果飞鱼飞出水面又遇上海鸥，那就遭透了。海鸥捕捉飞鱼，可谓百发百中。

鱼跟飞禽走兽们一样，都一边一只眼睛，一边一个鼻孔。海里有一种特殊的鱼，眼睛鼻孔都长在一边。它叫"比目鱼"，是一种常潜伏在海底的鱼。孵化一个月内，形状和普通鱼一样。长大了，它就把半边身子贴着海底泥沙老躺着，下边的眼睛鼻子便移到光亮的上边去了。鼻子长在左边的"鲆"，长在右边的叫"鲽"。据说它在游动的时候，"雌雄并列，比目而行"。

翻车鱼的外形像一个球，像一把扇，扁扁的，椭圆形，乍看去，分不清哪是头，哪是身，哪是尾。小眼睛长在上部。脊鳍、臀鳍生得特别高，与尾鳍连在一起了，就像圆灯下的红缨。体高、体长都是两米左右，有几百千克重，皮肤粗糙，背部灰色，腹部全白。阴雨天潜伏海底，大晴天到海面上，寻找食物，爱吃虾米和海藻。它行动迟缓，又爱到处乱跑，过漂流生活，渔民们遇上，很容易捕获。它的肉十分鲜嫩，味道跟墨鱼差不多。肝脏含油很多，制成肝油，治疗刀伤有奇效。

潮水退后，泥滩上常留下没来及随水离去的小鱼，其中有一种形状很特别，脊鳍很高，前后两个，中间空着，像马鞍，像驼峰。它全长不过几寸，名叫弹涂。这小东西有一种众所不及的本领，它是吞吃虾蟹的能手。碰到小虾小蟹，张口就吃。碰到比自己大得多的螃蟹，不但不逃跑，还故意把尾巴伸过去，让螃蟹钳住，一场剧烈的搏斗就开始了，蟹死死钳住它的尾不放，它则使劲摆动尾不止，初似相持不下，到最后蟹螯还是被拗断，厮杀的结果，螃蟹带着伤灰溜溜逃走。它却得意洋洋吃那蟹的断螯，它吃虾吃蟹的本领，可真够厉害呀！所以弹涂又叫"虾虎"。

海里有一种自行放电的鱼，它能放电把小鱼虾击毙，如果人在海洋中触着它，它一放电，那就像跟修电器不小心被电击一样发麻颤抖，所以取名叫"电鳐"。

电鳐身体背腹扁平，头胸连在一起，尾部呈粗棒状，很像一把很厚的团扇。它的一对小眼睛长在背面前方中央处，身体的腹面有一横裂状的小口，口的两侧各有五个鳃孔。行动迟缓，栖居海底。

电鳐是怎样放电的呢？它身体内部有特殊的发电机能，腹面两侧各有一蜂窝状的"发电器"，一块肌肉纤维组织的"电板"重叠而成的六角柱状管。大约每个"发电器"中有600个柱状管。"电板"之间充满着胶质状的物质，可以起绝缘作用。"电板"的一面有神经末梢联系着。这一面为负电极，另一面为正电极。电流方向是由正极流到负极，即由电鳐的背面流到腹部。当大脑神经受到刺激或兴奋时，发电器就能把神经能变为电能，放出电来，一般的有70～80伏特。

能放电的鱼，还有电鲶和电鳗。体重40磅的电鳗，放电可达300伏特，捕捉时，先要让它放完电，不然，真会电死人。

大多数动物一般都不轻意出击伤人，它们咬人大多是抵御性的。鲨鱼则不然，它主动出击，寻人去咬。它能在200多米以外，听到击水的声音，一旦知道是人，它便窜过来，咬住击水人，致人于死地。体大的白鲨，有10多米长，好几吨重，尤为凶猛。

鲨鱼如同虎，明明死了，看上去，那神态却跟活着一样。据说，把开膛破肚的鲨鱼扔进海里，它还能游回来报复。用鱼叉叉它，用子弹打它，即使遍身伤痕，它还可以垂死挣扎，咬人伤人。甚至还可以把整个船上的东西打得乱七八糟。有一次，一个被截下的鲨鱼头，竟把一位水手的手指咬断了。

不过鲨鱼有250多种。多数以浮游生物为食，真正伤人的鲨鱼只有10多种，其中危害最甚的是"大白鲨"，难怪人们把杀人越货的海盗叫做"白鲨"呢？

鲨鱼没有鳔，却有很大的肝脏，一条3.5米的白鲨，重不过210千克。那副大肝竟有30千克，因为它是靠伸缩调节浮力的。鲨肝含有各种维生素，特别是维生素A和D含量多，制鱼肝油丸就是用它。

人们为了防患鲨鱼的侵袭，制造一种含醋酸铜的化合物，鲨鱼闻了这种气味，鼻孔里分泌一种粘液，就会丧失食欲，不想去咬人了。另外，在海滨浴场装上防护网或者让海豚守卫，鲨鱼也就伤不着人了。

章鱼和乌贼虽然称作"鱼"其实是贝类，章鱼与乌贼都能放墨汁作掩护，但章鱼比乌贼大而凶猛，最大的章鱼，触脚有3米长。那灵活的触脚可以随意伸缩，就像大象的鼻子，遇上鱼虾、它舒张开去，以极快的动作，把鱼虾死死缠住，再送进口里，钩住谁，谁就倒霉。那触脚真厉害，能拧碎贝壳，能绞杀海龟。章鱼性情暴戾，就靠八根触脚跟鱼虾搏斗，斗来斗去没有闲着的时候。渔民们抛下特制的笼子，它便死死缠住笼子，七拐八拐，钻进笼子里去了，渔民们非常轻松地把它提上来。章鱼肉比乌贼稍硬一点，生吃都可以。

南极的磷虾

南极的海域，盛产一种腹部发光的虾，一般长2～6厘米，最大的15厘米，身体呈粉红色。那腹部的发光器，构造十分特别，道理却非常简单，那就是含有发光的物质——磷，故名磷虾。

每年11月到次年4月，是南极最温暖的时期，磷虾便大量繁殖。一只雌虾，可产卵2000～13000粒，受精后沉到500米深的水里，随海流移动，只需几天就孵化成虾。50天之后，它又可以做妈妈了。

一只雌虾可以产几次卵，繁殖得特别快。整个南极有10～50亿吨磷虾。每年可以捕5000～7000万吨，这个数字是目前全世界捕鱼的总量。

南极51%的海域都产磷虾，平均每平方公里藏着50吨，最多可达200吨。

巨大的磷虾群在海上游动，可形成长达数公里，宽达几百米的"虾场"，把海水弄成赤褐色，每个"虾场"，拥有5～10万吨磷虾，捕获起来，毫不费力，一网可拖100～150吨。

南极磷虾，营养价值极高，含粗蛋白12%，脂肪3%，甲壳糖质2%，还有人体需要的各种氨基酸，比牛肉的营养价值还要高。如果每年捕获1.5亿吨，就可以获得2000万吨蛋白质。所以有人把南极誉为"蛋白质仓库"。

穿衣睡觉的鱼

在太平洋和印度洋阿明迪维群岛以及马尔代夫群岛附近的大海中，栖息繁衍着一种鹦鹉鱼，这种鱼有彩虹般美丽的花纹，很像玲珑乖巧的虎皮鹦鹉。

每当夜幕降临，鹦鹉鱼分泌出一种如胶似漆、晶莹透明的液体，靠腹鳍和尾鳍的帮助，从头到尾织成一个圆圆的薄壳，将自己的身体编织在壳内，将周身严严实实地包围起来，就像穿了一件漂亮的"睡衣"。

鹦鹉鱼织"睡衣"的目的，是为了防御敌类的伤害及泥沙的埋没。因此"睡衣"编织得很坚固。

这睡衣坚韧如钢铁，任何海中的霸王也休想侵犯，即使将它圆圆吞下，也要乖乖地吐出来，因为睡衣表面的物质有强烈的致呕作用。

这种鱼有一个奇异的特点，就是当它们被渔人的诱饵钓住时，其同类们会立刻起来救助，甚至会咬断鱼索，帮助受难者脱险。

变幻色彩的石斑鱼

鱼儿在不同的环境里，为了保护自己，有的会不断变换身体的色泽。石斑鱼就是最典型的代表。

石斑鱼身上有赤褐色的六角形斑点，它们中间被灰白色或网状的青色分开，这种斑纹同长颈鹿的斑纹很相像。它隐藏在珊瑚礁中，赤色的斑点和红珊瑚几乎完全一样。

有趣的是，石斑鱼能够随着环境色泽的变化，不断变换颜色，能很快地从黑色变成白色，黄色变成绯色，红色变成淡绿色或浓褐色。它还有这样奇妙的本领：能同时把很多的点、斑、纹、线的颜色，一起变得深些或浅些。

一种叫纳苏的石斑鱼，人们在水槽中可以看到八种不同的色泽和形态来。忽儿全部呈黑色；忽儿变成了乳白色——背部浓而腹部淡，背部有明显的带，腹部是纯白色；忽儿又变成灰色。在受惊逃向假山时，它身上淡淡的底色中，一刹那出现了黑色的斑和带，一会儿又变成了均匀的暗色。由于受惊程度不同，花纹的式样就变得不同了。

动物的变色，主要是为了同周围环境统一。此外，在受到了兴奋或者外界的刺激时，也成为一种警戒的信号。

动物为什么会变色?这是因为皮肤的细胞中有着许多色素细粒，有红色、桔色、黄色和黑色的等等，这叫原色。各种各样的颜色，都是两种或两种以上的原色调配而成的。

还有一种彩虹细胞，是种白色的结晶体，来自血液，经过代谢作用而产生的，能够把光线反射，发出彩色的虹光来。

随着细胞的胀缩，色素粒不断扩散时，体色就变浓；色素粒不断缩小时，体色就变淡了。变色主要是受到外界的刺激，通过眼睛触发而引起的。

伪装惑敌的蝴蝶鱼

　　在热带海域中生活着一群群色彩斑斓、姿态万千的小型鱼类，有圆形、方形、菱形等，它美如蝴蝶，所以人们又叫它蝴蝶鱼。

　　蝴蝶鱼的身躯扁圆形，体色很美丽。靠尾部有个大圆点，镶着白色或黄色的边缘，像是睁大了的眼睛。粗看上去，会把尾巴当作了头部。

　　蝴蝶鱼既爱打扮，又爱迷惑人。许多种类的蝴蝶鱼在尾的前上方有一黑色斑点，周围镶着白色或黄色的边缘。这斑点与头部的眼相对称，宛如鱼眼，从而能以假乱真，而它的眼睛则隐藏在头部的黑斑中。平时，蝴蝶鱼在海中总是倒退游动，因而，进攻者常受黑斑的迷惑，错把鱼尾作鱼头。当敌害猛扑向它时，蝴蝶鱼正好顺势向后飞速逃走。

　　蝴蝶鱼常穿行于热带海洋的珊瑚礁间，以珊瑚虫和岩缝中的小型甲壳动物为食。它虽然个体很小，但有较高的观赏价值。

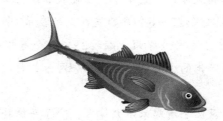

形形色色的海鱼

会邮信的鱼位于斯堪的纳维亚半岛,周围的居民早在1880年就利用扁鲹鱼来传递邮件。这种扁鲹鱼顶着它向对岸游去。第二天凌晨到岩边取回由扁鲹带来的回信。近百年来,这些水上邮递员不论刮风下雨,还是恶浪滔天,一直为岛上居民传递信件。

有一种鱼不会游泳,它们可以沿着水底的沙子行走。这种鱼叫蝙蝠鱼,它们常生活在浅海中。它的鳍几乎不像鳍,而更像腿,蝙蝠鱼就用它来行走。

水陆两栖的变色鱼在厄瓜多尔的科隆群岛附近的浅滩里,有一种住在水里,吃在岸上的且能变幻身躯颜色的鱼。一旦饥肠辘辘,它便纵身跃出水面,俯伏于石块或沙滩,并将身躯颜色变成石块或沙滩的颜色,然后纹丝不动地等候猎物的到来。如有蜻蜓、蝴蝶等昆虫飞过,变色鱼便敏捷地张嘴将它们捕捉充饥。

能胎生小鱼的鱼海鲫的"腹中子"既无脐带又无胎盘,科学家观察、研究后认为:海鲫"腹中子"的营养来源,很可能是雌鱼的输卵管壁分泌出的一种类似蛋白质的液体,"腹中子"用皮肤和消化道进行吸收。海鲫的"腹中子"在母体里经过5~6个月的发育,约在第7个月间开始诞生。"分娩"时雌海鲫把身体用力弯曲,经过2~3次全身性痉挛,便把"腹中子"产到体外。刚产出的小海鲫体长约7~8厘米,每次可产10~20条左右。

海马是一种鱼,虽然它看起来不太像鱼,除了头像马以外,其他部分都不像马,它背上长有一个鳍,摆动得非常快,从而推动海马在水中游动。

海蛇鱼海蛇通常都生活在海洋中,只不过身体像蛇而已。有一种海蛇鱼叫鳍鱼,头顶上长有红亮的刺,看起来怪吓人的,其实它们并不伤害人。

可当球踢的鱼埃及海城里有一种"球鱼"，这种鱼有一种独特的防敌手段；当它遭到袭击时，就拼命地吸食海水，海水进入它的食道后，经过特殊的分泌腺作用，发生分解而产生气体，从而会使球鱼的全身鼓足气，像一个圆滚滚的皮球，迅速浮到海面上，又硬又胀，使"敌人"不敢冒犯，埃及渔村的孩子们都喜欢用这种鼓得圆圆的球鱼当作足球来踢。

体纹会变的皇帝鱼。举世闻名的皇帝鱼，又叫竖纹囊鲷，是生活在海洋中的一种美丽的鱼类。皇帝鱼体表长着白色的旋涡状花纹，滑稽有趣。可是，随着身体的发育成长，当它们长到23厘米左右，发育为成鱼时，体表的花纹会完全改变，变成从头部到尾部纵向排列的15条黄色竖纹，十分庄重大方。同一种鱼的幼鱼和成鱼，体纹竟发生这样的变化，这使得过去有些鱼类学家把它们错认为两种不同的鱼。

"蜡烛鱼"斯塔拉米是南美洲的一个鱼村。那里，每到晚上，家家户户都要点起一种用鱼做的灯。这种灯是在瓦罐里插进一根铁棒，棒顶上插着一条鱼，鱼嘴里装着火绳，点上火就能照明。

这种能当灯点的鱼是一种叫"油鲂"的鱼。鱼圆头尖，浑身无鳞，呈灰黑颜色。油鲂虽脂肪丰富，但含有毒素，不能食用。因此，当地渔民挑大的油鲂将它除去内脏，再挑选一些小的油鲂放在锅里，将脂肪熬出，灌到大油鲂的腹中，放进火绳，等它凝固，就成了一支"鱼蜡烛"。

海藻提炼重金属

作为海洋生物，海藻的功能是很奇特的。

有些海藻具有从海水吸附金、银、钴等金属离子的特性。这种特性，使苦苦寻觅稀有金属的人类茅塞顿开。

人类起先是注重从海水中提取稀有金属的。海水中含有80多种可以利用的元素，其中黄金就有600至1200万吨。每吨海水里金的含量大约有 $6×10^{-6}$ 克。

按目前的技术工艺，从海水中提取黄金，是很不合算的。提取一公斤黄金所付出的代价，远远超过一公斤黄金的价格。这种不合算的工作，使人类望而却步。

日本人利用有些海藻能吸附稀有金属的特性，采取一种新工艺使海藻在一两分钟内吸附大量的上述物质。然后通过调整海藻种类、氢离子浓度、金属离子浓度以及其他环境，并且适当地进行加工处理，使稀有金属分离出来。

据计算，从海藻中提取黄金，可以大大降低成本，工艺要求也没那么严格。研究人员对裙带菜、海带、海虎尾、犬牙绿紫菜、茶色海藻和小球藻等海藻进行试验，试验结果令研究者很受鼓舞。小球藻和海带对金吸附效果最好，它们能在一分钟以内吸附50%的金属离子；海带和海虎尾对钴吸附效果很好，小球藻对银的吸附效果也令研究者赞叹不已。

目前采用的方法是使用离子交换树脂和活性碳在水溶液中吸附和分离这些稀有金属。

除了能提取上述稀有金属外，还可用褐藻提取藻朊酸盐，这一项，世界的产量估计为2.5万吨~3万吨，用于生产纸张、化妆品、纺织和金属加工。从海带和马尾藻中还可提取褐藻酸、甘露醇、碘、氯化钾等产品。

人类绝不满足已经取得的成果，今天所取得的成果。过多少年后，可能后人视为微不足道，海洋中的许多物质可能还没被人类发现和利用。但是，这种发现是伟大的，就像人类最初发现新大陆一样，这种发现是为后人的发现做铺垫、打基础。总之，人类与海洋息息相关，与海洋不能分隔，与海洋同呼吸共命运，这一点，已经越来越被人类认识，这是人类社会向发达的过程发展的又一奠基石。

海上"种植"石油和天然气

藻类不断地生长，不断地死去。一种特殊的细菌先是在藻类上生长，形成了石油物质，在漫长的地质过程中，这种特殊细菌分解生物体中的有机质，这些有机质最后被加工成石油，深埋在海底。

加拿大生物学家曾异想天开地根据藻类本身所含的物质，提出了水上种植石油的设想，这一"异想"，确已得到"天开"。他们把一些细菌放在生长很快的藻类上，石油就生长出来了。多伦多的一个实验小组用细菌加速了石油的演变过程，用几个星期的时间，代替了几百万年的漫长的岁月。

人们计算过，在一个池塘里，3平方公里的藻类每年可提供100万桶石油，其能源相当于1万辆汽车各行驶15万公里所消耗的燃油。1977年，在美国召开的第9次国际海藻会议上，人类对巨藻的增殖问题曾作了认真的讨论。美国提出了用巨藻制造甲烷的设想。他们采用的办法是先在养殖场里种植巨藻，收割后，通过陆地上的某种装置由细菌分解成甲烷。

这是一个极鼓舞人心的事，给人类的能源来源带来了希望，人类最初"异想"的在海上建立农场、牧场和海上联合加工厂的序幕从此拉开了。

美国加利福尼亚圣迭戈海军海洋系统中心的H·A·维尔柯克斯博士，被美国人称为独具慧眼的科学家，他认为，在海洋里，还有一个充满气体、营养物质，盐类和其他矿物质庞大的生命维持系统。在这个生命维持系统中，溶解氧维持着大大小小、形形色色的海洋动物的生存；而溶解的二氧化碳则养育着各种各样的海洋植物。20世纪70年代中期，维尔柯克斯博士组织了一支由海洋专家、海洋工程师和潜水员组成的队伍，在美国海军的支持下，在太平洋圣克利门蒂岛近海12米以下的阳光充足的水中，设置了世界上第一个海洋能源农场。在这里，人们种植了巨大的加利福尼亚巨藻。

维尔柯克斯博士认为，巨藻能量一半以上可以转化为燃料，即转化成甲烷，如果开辟一个4万公顷的巨藻农场，那就可以为一个不小的美国城市居民提供足够的能源。

维尔柯克斯快速地工作着，他和实验队的人员把巨藻从营养丰富的浅水里移植到营养不足的深水里。为了让巨藻在深水中能生长，他们造了一个很大的木筏子，使其沉没在离海面12米深的水中，再用长缆绳子将它锚定在90米深的海底。

巨藻是藻类中最主要的一种，它们在海洋里长得跟陆地上的巨大的红杉一样高，也能够长成茂密的森林。当一棵巨藻站住脚后，它就开始向上朝着有光的方向生长，当长到水面时，它那发光的褐色叶子由小小的气囊支撑着，开始向阳光照耀的海面伸展出来，像飘带一样在海面上飘荡。太阳能通过这些叶子转化为化学能，这种转化过程就是光合作用。

为了使巨藻在深水中尽快地生长，实验队采用抽海底水的办法来给生长在水下的巨藻施肥，因为海底分散着动植物的残骸，含有丰富的营养元素，这些海底水为巨藻提供了足够的肥料。

在第二阶段的实验时，他们在中心浮标上建起了一个平台作为海上农民的生活区，并建了加工厂和贮存室及航海控制台。在这个系统里，还有一个直升飞机升降台和一艘收割船。

维尔柯克斯曾说："不需要什么先进的技术，只要把巨藻剁碎就能生产出甲烷。"这证明他在水上种植石油的意义和水上种植石油的可行性。

海洋能源农场不会对地球产生热污染。研究者认为，巨藻从太阳光中吸收的能量，在转化为甲烷和乙烷以及其他产品被烧掉后，燃烧的热量和巨藻吸收的能量互相抵销，整个地球的热平衡将不会打乱，而除去种植的石油燃烧的热量外，其他物质的燃料会把地球的温度提高大约1～2摄氏度，这使得大气变化很明显。现在世界各地气温变化很大，气候也时常出现不稳定，恐怕就是与这方面的问题有关。然而，巨藻的能量转换可以避免这类问题的发生。

大部分人还没认识到海洋植物能够产生能源。然而，维尔柯克斯和他的实验队的成员们，力求让人们懂得海洋能源农场的重要意义。目前，美国能源部、通用电器公司、美国天然气公司、全球海洋发展公司及大学教授、环境学家和一些提供资金支持海洋能源农场的团体和个人，都肯定了维尔柯克斯的功绩。

　　能源研究开发的工作，被人类越来越重视起来了，人类都应该认识到，由于从地下挖掘的矿物燃料越来越少，海洋能源农场的开发，是极为有意义的。

　　我国于1978年由黄海水产研究所从墨西哥引进了巨藻，分别在浙江、青岛、大连等地进行了耐温性试验，各地基本试验成功，孢子叶成熟较快，巨藻已在我国安家落户了。至于下一步从巨藻中提取石油的事，那也只是或早或晚的事了。

◎ 海岛奇观 ◎

　　地壳运动和"大陆漂移"，将岛和陆地分离出去，岛于是成了"水中的山"和"水中的陆地"。

　　海洋上特有的气候条件和地理条件造成了海岛所特有的地理风貌，于是便有了种种海岛奇观……

岛是怎样形成的

地球上的海洋岛屿真是多不胜数。仅在我国绵亘18000多公里漫长曲折的海岩线上，其外分布着至少有6500个岛屿，50多个群岛和列岛，星罗棋布，如碧海明珠，似出水芙蓉，把我国海域点缀得多姿多彩。

岛屿不仅数量众多，且类型复杂，造成了各类岛屿的景观亦差别甚大。岛屿按其不同分类依据可分成几类。如根据岛屿的构造，可划分成火山岛、珊瑚岛及人工岛等；根据岛屿的成因，又可分为大陆岛、海洋岛及冲积岛等。而从景观上讲，则以基岩岛和珊瑚岛之风景为最美。依据岛屿的成因，与景观的特征，可以划分为大陆岛、冲积岛、珊瑚岛、火山岛四种类型。

大陆岛大陆岛从成因上讲，大陆岛是指那些地质构造上和形成动力上与邻近大陆基本一致的岛屿，它们在第四纪低海面时，往往曾是大陆的一部分，与大陆相连，后因气温回升，海面上涨，才淹没了其与大陆相间的陆地，被海水包围，形成今天的大陆岛。如台湾岛、海南岛和舟山群岛，等等。

大陆岛由于成因与大陆海滨一致，景观上亦基本类同。大陆海岸上常见的各种自然景观，如海蚀崖、海蚀洞、沙滩、砾石滩，等等，在大陆岛上，亦能一一见到。除具有大陆海滨一般景观之外，大陆岛亦会有其独特的一些景观。如台湾岛的东海岸，由于直接靠近太平洋，受一条深大断裂所控制，形成了著名的清水断崖壮观。其落差达数百米，海崖壁立，稍远处海水便达数千米深，海底坡度与海滩一样，极其陡峭，形成独特的断崖海岸奇景。

大陆岛在我国分布很广，大多数沿海的基岩岛都是大陆岛。

冲积岛——冲积岛是由于河流入海，携带的泥沙受到海水的顶托、水流的分散及坡度的降低等多种因素的影响，导致泥沙逐渐沉积下来，日久天长，堆积成了一个沙岛，即是所谓的冲积岛了。最典型的例子，就是我国第三大岛——崇明岛，在长江入海口处，是由泥沙堆积形成的岛屿。

虽然冲积岛在经济发展中，往往起着十分重要的作用。但往往缺少地面起伏，海蚀奇观。所以没有什么观光价值。

珊瑚岛——珊瑚岛是由一种叫珊瑚虫的骨骼逐渐堆积而成的。这种造礁珊瑚的生长条件十分苛刻，如海水温度必需在25～29摄氏度之间，低于或高于这个温度，都会造成珊瑚虫的死亡；海水盐度则要在27～40‰之间。且要求海水洁净、透明，水质浑浊受污染时，也会造成珊瑚虫的死亡。因此，珊瑚岛只出现在南、北回归线之间的热带亚热带海域上。我国的珊瑚岛主要集中在南海诸岛、台湾岛和澎湖列岛、两广沿海部分岛屿。

在珊瑚岛上，主要自然景观有滩、礁、洲、岛；其中礁又有岸礁、离岸礁、环礁、台礁等不同类型，景色独特，十分迷人。

火山岛火山岛是由海底火山喷发凝结堆积，最终出露于水面而形成的。火山岛的景色因而兼备火山风光及独特的火山海滩风光。如著名的夏威夷岛群，便是典型的火山岛景观。但在我国沿海诸岛中，火山岛却很少见。

宜人的海岛气候

海岛的气候状况，基本上取决于两个方面，首先是所处的地理纬度，决定了太阳的辐射量多少；其次是所在的自然地理环境。这两者的相互作用，大致决定了一个地方气候的基本特性。由于太阳辐射量的变化，导致南方低纬度地区较北方高纬度地区温暖，从季节分配上讲，又以夏季为最长，春秋次之，冬季最短。因为太阳高度角的大小及昼夜的长短的变化引起了太阳辐射的相应变化。尤其是海陆的分布状况，也对气候过程影响较大。

海滨及海岛地区，由于受海洋的调节作用的显著影响，气候十分宜人，是旅游观光的一个理想天地。初步归纳一下海岛气候的特点，主要有四季温和、冷暖少变，阳光充足、降水集中，海陆风和季风明显等。

海岛气候能四季温和，冷暖少变，这是因为海岛受到海洋这个巨大的储热器的调节作用，一年四季都承受着海洋的恩惠，尤其是在夏季，有柔和的海风和陆风昼夜交替地吹拂着，使得海岛在气温变化规律与海洋相近，呈现夏季无闷热，冬天不寒冷、秋季较温和、春季甚凉爽的宜人气温特点。在相似或相同的纬度下，海岛上的气温远较内地温和少变：盛夏季节，比内地凉爽；严冬季节，又较内地温暖些；极端最高气温比内地低；极端最低气温又比内地高。在相似纬度下的海岛与内陆城市的气温，有着明显的差异。

受到海洋性气候的深刻影响，海岛的四季划分也与内陆有所不同，相应的时令也迟于同纬度的内陆地区。内陆一般是5月份入夏，而在海岛却要到6月下旬。到了9月份，内陆地区已是初秋，而海岛却依然是夏季。但是，海岛的夏季气温并不炎热，尤其因海风较大，夏季反而颇有凉爽之感。同样，海岛的春天也姗姗来迟，一般到4月中旬方开始。当内陆地区已是桃红柳绿的春天时节，海岛的人们依然是冬天，但并不感到冬天的严寒。天寒地冻的现象，在海岛上甚为少见。至于春、秋两季，气温更为宜人了。

在我国众多的海岛中，气温虽有共性，但亦有局部差异。我国海岛之分布北起鸭绿江口，南至南沙群岛，横跨42个纬度，区域性差异还是十分明显的。从年平均气温上看，大致从北向南，各地海岛的气温有着逐渐增高的趋势。整个辽东半岛和长山群岛的年平均气温最低，一般不超过10摄氏度，除连云港较高，为14.2摄氏度以外，北方诸海岛的年平均气温相差不大。东海沿岸，气温向南递增十分有规律，几乎每个纬度增加0.7摄氏度，从15.8摄氏度直线上升到20.9摄氏度。两个沿海地区年平均气温均在20摄氏度以上，其中海南岛为24.2～25.2摄氏度，其它岛屿较低些，一般为21.1～23.6摄氏度之间。

总而言之，尽管各地岛屿存在着一定的区域性差异，但相比内陆地区而言，则表现出四季温和、冷暖少变的海洋性气候特性。

在海岛上，由于云量、阴天、雾天、雨天等情况与内陆地带不一样，年日照时数明显与内陆地区有差异。人们一到海岛，往往见到的总是蓝蓝的天空上飘浮着朵朵白云，蓝色的海面上荡漾着点点船帆，鹰击长空，阳光灿烂海风轻拂，风光旖旎，令人流连。

就世界大部分海岛而言，一般的年光照时数可达2800小时左右，比内陆要高出许多。在我国的黄海、渤海沿岸地区，年日照时数一般为2400～2800小时，在东海和南海沿岸一般达2200小时左右。

在克里米亚半岛及邻近海岛上，那里的日照时数竟比地中海沿岸还要长，一年之中约有200天左右的时间，可以下水泳浴。因此，克里米亚半岛沿海风和日丽、阳光灿烂，是一处著名的海滨旅游胜地，有着"乌克兰之珠"的美称。

海岛的年日照时数，在不同月份、季节是有所差别的。一年之中，以5月份为最多，一般可达290小时左右；12月份最少，约为180小时；春秋两季居中。

海岛阳光充足，降水丰沛，一般年降水量比内陆地区高出数十至数百毫米。就我国而言，降水量从北向南递增，而且大部分降水又集中在七、八两个月份，几乎占了全年的一半左右。而冬季十二、一、二月份就比较少，只占全年降水总量的10%以下。

丰沛的降水量，加上充足的太阳光照，十分有利于海滨植物的生长。同时，尤其是夏季频繁的降雨，在相当程度上起到了降温消暑作用，雨过天晴之时，使人倍觉舒适凉爽。

　　降水量和阳光条件决定了海岛的空气湿度，如前所述，在一定的气温条件下，人体感觉最佳的气候条件中，与空气中水汽含量多少——相对湿度有很大的关系。海岛的相对湿度比较大些，气候表现出温暖湿润的特点，并随着季节的变换而相应变化。

　　正是这种得天独厚的气候条件，海岛的风光是十分独特而秀美的。它形成了热带海岛的迷人风光：高大的椰子树、茂盛的芭蕉林、棕榈、红树林等。这种热带海岛风光在南亚诸岛、加勒比海及夏威夷群岛海滨最为常见。

　　充足的阳光晒在金黄色的沙滩上，前边是蓝蓝的海水，后面是茂密的树木，加上海边清洁的空气，海岛确是人们进行日光浴、沙浴、海水浴的好天地。有人把在海边进行日光浴、沙浴和海水浴后，产生的那种黝黑发亮、充满着健康之美的肤色，认为是大海给予人类的最宝贵的财富之一，是人类肤色中最美的一种肤色。

　　海岛是多风地区，多种风均有存在，最主要的有以一日为变化周期的海陆风，以一年为变化周期的季风。此外。还有经常遇到的台风、飓风等。

　　海陆风是沿海岛屿特有的风，白天风从海上吹来，称为海风；夜间风从大陆吹向海面，称为陆风。昼夜之间，海陆风的形成是由于海陆受热不均匀而产生的。白天陆地上增温比海洋快，温度高，地面空气上升，而海面上，相对来说空气温度低，密度也大，因而空气往下沉，下沉的空气流到陆地补充那里上升的空气，而陆地上的上升空气则从高空流到海上补充下沉的空气，这样就形成了一个完整的环流，称为海陆风环流。夜间，由于海洋温度高于陆地，所以海陆风环流方向与白天相反。

　　各地海岛，还因海陆方位、距海远近、地形起伏等条件不同。海陆风的特点也有很大差异。一般距海较近，海陆风比较明显，较远则不明显。

　　海陆风随季节也有变化，一般是夏季最多，春秋两季显著减小，隆冬季节，常因冬季风强烈，海陆风被掩盖，所以海陆风出现最少。

　　海岛除了海陆风以外，还有以一年为变化周期的季风。作为一个典型的季风气候国家，我国沿岸的季风主要特征表现为：冬季盛行偏北风，夏季盛行偏南风，春秋两季为过渡季节，风向比较紊乱。

　　季风的产生也是由于海陆之间的热力差异引起的。冬季，大陆是低温区，海洋是高温区，海洋上空气上升，陆地上空气下沉，故风基本从西北内陆区吹向东南沿海区，当然其间加上地球自转、地形等影响，风向略有偏向。夏季则反之。

　　春节为冬季向夏节过渡地季节，风向较紊乱。大致以东南风、南偏南风为主；秋季为夏冬过渡季节，风向也多变，大致以偏北风为主。

　　海上的风对海岛气候产生了重大的影响，也给海岛带来了特有的景象和风貌。

独特的海岛风光

海岛风光，不仅仅是各种海岛上具有的各种不同的地貌景观，而且还包括在海岛上可以观赏到的其他景色，如海市蜃楼、海上日出等等，而海蚀奇观则是海滩风光中极其普遍而又独特的一种。人们来到大海边，站在海崖上，或慢步沙滩上，常常可以看见海滩上嶙峋的礁石、陡峭的悬崖、神奇的石老人、幽邃的海蚀洞等等，这些都是海蚀奇观。常见的海蚀奇观有海蚀崖、海蚀平台、海蚀柱、海蚀洞、海蚀拱桥、海蚀窗等。

海蚀崖海蚀崖是海岸受海浪冲蚀及伴随产生的崩塌而成的一种向海的悬崖陡壁。主要见于基岩海滩。海岸在波浪的长期冲击、淘蚀下，在海平面处被侵蚀成凹穴，穴上的岩石被悬空，在波浪继续侵蚀的情况下，悬空岩石崩坠，形成近乎直立之岩壁，称为海蚀崖。

海蚀崖有死、活海蚀崖两类。所谓死海蚀崖，是一种现代已不再发育而趋于衰亡的海蚀崖，其崖壁渐渐变缓，不再后退，崖面上生长植物等等为其标志。活海蚀崖则相反，由于崖面受到海浪的冲蚀，比较陡峭，上无植物生长。一般情况下，活海蚀崖的景观比死海蚀崖雄奇。

我国沿海的海滩，尤其是基岩海滩，海蚀崖甚为普遍。北起大连，南至海南岛鹿回头和涠洲岛等，均有海蚀崖发育，其高度从数米至数十米不等。由于组成崖体的岩石性质不同，形成的海蚀崖也是各具风姿的。其中如台湾北部的海蚀崖由火山灰、凝灰岩、熔岩等组成，质地坚硬，形态奇特，形成的海蚀崖高达20~70米。

断崖海滩也是可以划为与海蚀崖相似的一类海滩景观的，只是断崖海滩那高大陡立的悬崖，是由于断层而形成的。从形态上讲，断崖可以比海蚀崖更高峻些，可达数十米至数百米，因此，给人的感觉是断崖更为雄奇险峻，气势磅礴。如台湾东海岸的清水断崖奇观，就是最为典型的断崖景观，它高达700余米，十分惊险壮观。

海蚀平台海蚀平台又称浪蚀平台或波筑平台等。基岩海滩的海蚀崖前，微微向海倾斜的平坦宽阔的基岩平台。

海蚀平台是由于海岩受海浪蚀，海蚀崖不断冲刷后退而残留下来的。其宽度随海蚀崖的后退而加大，因此，海蚀平台的宽度往往与当地的波浪强度成正比。海浪越大，对海崖的冲击越强，海崖的崩塌后退越快，相应的海蚀平台也越宽广。从位置上讲，由于岬角处浪高流急，能量聚集。故海蚀崖高大，海蚀平台也宽广。

在海蚀平台上，往往发育各种海蚀沟槽、礁石洞穴以及海蚀拱桥、海蚀柱等，风景多变，奇特迷人。

海蚀柱海蚀柱就是海滩受蚀后退，较坚硬的蚀余岩体残留在海蚀平台上，形成突立的石柱或孤峰。或者由海蚀拱桥受蚀，拱顶下塌而形成海蚀柱。由于海蚀柱形态多变，有的还颇具姿态，因此，沿海渔民常以它的形象而称呼。

海蚀柱在我国沿海常可见到。大连的黑石礁、绥中的"姜女坟"、北戴河的鹰角石、山东的青岛石老人，浙闽台粤桂琼沿海亦有广泛分布。其中姜女坟是由四个孤立于海中的石柱组成，最高的达16米；北戴河的鹰角石也高达17米；海南岛天涯海角处的"南天一柱"等等，都是我国沿海著名的海蚀柱景观。青岛的石老人是一个高达18米的巨大海蚀柱，其状酷似一个驼背老人站在海中远眺，所以得名"石老人"。

海蚀洞，海蚀洞是海岸受波浪及其挟带岩屑的冲击、掏蚀所形成的面向大海的凹穴，其深度较大者称为海蚀洞或海蚀穴。因波浪对海岸的冲蚀作用主要集中在海面与陆地接触处，故海蚀洞沿海平面或海蚀崖坡脚处呈现断续分布。在松软岩石构成的海滩上，海蚀洞发育不明显；在较硬的岩石海滩上，则发育较完好。尤其在岩石节理及抗蚀较弱的部位，海蚀洞特别发育，深度可达数十米，甚至数百米。

海蚀洞在我国海滩上广泛分布，如浙江普陀山的潮音洞、梵音洞，福建晋江围头半岛的泸屿沿海，海南岛、涠洲岛、斜阳岛、龙门诸岛等，均有许多海蚀洞良好发育。

著名的普陀山潮音洞和梵音洞，是我国海滩名胜中甚为著名的两个海蚀洞。潮音洞高大深邃，在洞内可聆听潮水汹涌翻滚之音，谓之"空穴来音"。

梵音洞以高见长，其高可达数十米，具有"水势奔腾峭壁开，半空雪浪似鸣雷"的壮丽景色。平时，两洞雾霭沉沉，幽泉滴滴，颇有仙穴雾窟般神秘色彩。

海蚀拱桥海蚀拱桥，又叫陆桥或海蚀拱，是基岩海岛上比较少见而又十分奇特的海蚀地貌。海浊拱桥常见于岬角处，其两侧受波浪的强烈冲蚀，形成海蚀洞，波浪继续作用，使两侧方向相反的海蚀洞被蚀穿而相互贯通，形似拱桥，又称为"海穹"。在我国广西沿海一带，居民据其形状似由陆向海伸展的象鼻，于是又称"象鼻山"。

海蚀拱桥在我国辽东半岛沿海时有出现，著名的锦州笔架山朱家口村海蚀拱桥，可算是拱桥中的佼佼者了。它是由高5米、宽约3米的石英岩组成，经过泥沙的堆积，又将岸岛连接在一起，从岸边到海中的笔架山，宛如一座海上仙桥，景色堪称一绝，故"笔峰奇桥"被列为绵州新八景之一。

海蚀窗，是从海蚀崖上部地面穿通岩层直抵海水的一种近乎竖直的洞穴。海蚀窗的形成与海蚀洞发育密切相关。在海蚀洞形成以后，波浪继续向洞中冲击、掏蚀并上冲，压缩着洞内的空气，使洞顶裂隙扩张，最后击穿洞顶，形成与海蚀崖上部地面沟通的天窗，所以称为海蚀窗。

海蚀窗景观在海滩上颇为多见，浙江省普陀山的潮音洞顶的山谷之上，有一孔穴，有一个海蚀窗，人称天窗。从天窗里，可俯听潮音洞底的潮水海浪之音，堪称海蚀奇观之一。

迷茫的千里海雾

在海岛以及近海海面上，经常可以看到海雾现象。

海雾的形成，主要是需要适宜的海面条件和风场条件。当南方来的暖湿空气被输送到冷的海面上时，一方面贴近海面的空气温度逐渐降低以至接近水温；另一方面，大气低层遂有逆温层出现。这样，移来的暖湿空气会因为降温达到饱和或过饱和状态，以致使部分水汽凝结成雾，有时可长时间维持不散。

海雾的出现，会使能见度降低。距人数百米、甚至数十米的远处，已经变得一片迷濛了。海雾的长时间存在，会对船只的航行产生极大影响，如有疏忽，容易导致偏航、触礁、相碰或搁浅等危险事故的产生。由于受到海雾的影响，海轮往往要停泊或延期再启航，或多或多地影响到外出旅行的人们。

由于形成海雾的条件在不同地点、不同时间是不一样的，因此，海雾的时空变化也是十分明显的。在我国沿海岛屿，海雾的分布总趋势南少北多。年平均有雾日数，以黄海、东海沿岸较多。渤海和南海沿岸较少。其中山东半岛沿岸成山头至青岛一带及长江口至福建北茭一带为我国沿岸两大多雾区。辽东半岛东岸及琼州海峡、雷州湾东部一带为两个相对多雾区。

海雾也随季节而变化。渤海、黄海、东海沿岸诸岛一般集中在春夏两季，南海沿岸各岛主要在冬春之交。从各月平均雾日数分布上看，渤海、黄海沿岸的雾多出现在3~7月份，有雾日数占全年的80%以上，其中以6、7月份出现最多；东海沿岸岛屿以3~6月份雾较为集中，有雾日数占全年的70%以上，其中4、5月份海雾最多；南海沿岸12月至翌年4月为多雾时节，有雾日数占全年的90%以上，其中2~4月份最多雾。

海雾有日变化和多年变化，大部分海雾多出现在凌晨至早晨一段时间内。而下午、傍晚则较少。海雾的多年变化也十分明显。如长山群岛的年平均雾日数为39.4天，最多的年份可以有55天，最少的只有23天，而且在6、7月份，有的年份可多达18、19个雾日，有的年份少到没有雾的出现。

海雾的分布规律，也影响到沿海的能见度分布状况：大致有黄海和勃海沿岸最差、东海沿崖次之、南海沿岸稍好的趋势。

壮观的长山群岛

大连是一座美丽的海滨城市，位于辽东半岛的最南端。不仅气候宜人，夏无酷暑，冬无严寒，而且拥有优良的深水海港。大连以其海滨风景著称，老虎滩、棒槌岛、旅顺口和老铁山风景等闻名遐迩，还有甚为优美而独特的海岛旅游胜地，这就是位于其东侧的长山群岛。

长山群岛位于辽东半岛东南，横跨黄海北部海域，共有岛屿50多个，总面积170余平方公里，有居民居住的岛屿有24个。

群岛中面积超出25平方公里的有大长山岛、广鹿岛和石城岛，其中大长山岛面积是25.4平方公里，为长山群岛中第一大岛，是县人民政府所在地。面积在15平方公里左右的有小长山岛、海洋岛和獐子岛。

从诸岛屿的地理分布、地质构造和地貌等差异来看，群岛又可分为外长山、里长山和石城列岛三组群岛，外长山群岛包括海洋岛、獐子岛、褡裢岛、大耗子岛、小耗子岛和南坨子，呈东西排列。岛屿由绢云母片岩和石英岩构成。岛上山势高峻挺拔，山高一般在百米以上，海崖弯曲，水深港阔，到处是悬崖峭壁。像面积仅有18平方公里的海洋岛中就有20余座海拔200余米的山峰，其中最高达388米。

里长山群岛含大长山岛和小长山岛、广鹿岛及葫芦岛，也呈东西排列，诸岛屿由石英岩、板岩、千枚岩和片麻岩构成。山势低缓，一般不足百米，山脚下和沿海也分布零星平地。沙岸占诸岛屿海岸的1/4左右，滩涂面积广阔，适合各种贝类的养殖。石城列岛位于北部，主要由石城岛、大王家岛、寿龙岛和长坨子岛等组成。长山群岛海蚀地貌发育典型，有大小不等、深浅不同、形状各异的海蚀洞；壮观的海蚀桥在群岛上比比皆是；海蚀柱更是千姿百态。海蚀地貌为长山群岛增添了无限风光，是长山群岛拥有的独特的海滩旅游景观。

长山群岛系大陆岛屿，原属中朝古陆，后经断裂作用与辽东半岛分离。群岛所在的大陆架，主要为震旦系和寒武系，X型断裂非常发育，一组为北东东向，另一组为南东东向，还有一组为北北西向，半岛与群岛之间的里长山海峡，可能就是一条北东东向的深大断裂带。在这种断裂构造控制下，原先地面的岭谷排列成棋盘形。冰后期的海浸，高起的岭峰成为海岛。海岛周缘受海浪浸蚀。崖壁峭立；而泥沙的堆积，又把邻近的一些小岛连成大岛，如大、小长山岛、石城岛和广鹿岛等。海岛之间的海底，除局部深水道受海流冲刷外，大部分基岩为浅海相的细沙和淤泥所覆盖。

　　长山群岛地处亚欧大陆和太平洋之间的中纬度，四面临海，故具备典型的温带季风气候特点，又因受海洋的调剂，气候温和适中。冬季不冷，夏季不热，年平均气温10摄氏度。全年降水量640毫米，无霜期213天，是辽宁省无霜期最长的地区。根据海岛的自然条件，海岛人民把群岛的山山水水安排得井井有序。岛上和大小山头全是松槐等树木覆盖；大约海拔50米以下是层层梯田，再往下直延伸到海边则是平整的园田；近海建有人工养殖场。

　　辽阔的黄海和优越的地理条件为长山群岛发展水产事业提供了有利条件。海底植物繁茂，底质是松软的泥沙，也有各种贝类和鱼类生殖栖息所需要的岩礁。

　　长山群岛，宛如一颗颗未经雕琢的明珠镶嵌在我国北方沿海中，相信不久的将来，经过开发的长山群岛，必定会放射出更加耀眼的光彩。

神秘的蛇岛

海滨城市大连的西端，有一个西北一东南向的小岛，横卧在海面之上，这就是蛇岛，别看它面积仅仅只有1平方公里左右，却是一个毒蛇的世界。

蛇岛的最高处海拔215米，西面和北面都是光秃秃的悬崖和峭壁，岛的东南部分布着四条山沟，草木茂盛，群蛇盘踞，是一个蛇的王国。

发现蛇岛还是在20世纪的30年代，当时因需要在岛上建灯塔，派人前往蛇岛勘察。哪知岛上尽是毒蛇，使勘察人员惊吓万分，逃离蛇岛。从此蛇岛之奇观，公布于世。这个小小的蛇岛上，究竟有多少蛇，至今尚无确切数据。过去有人猜测蛇岛上共有50万条蛇，之后又有30万条、5万条、3万条等种种估计数字。这些数据相差很大，令人存疑。直到1984年底，科研人员在蛇岛采用重捕标记法，初步计算得到有关数据，确认蛇岛目前有蝮蛇约1.2万条，每年产幼仔1000条左右。显然，这一数据较为可靠。尽管前人估计数偏大，但蛇岛上蝮蛇数量的逐年减少，却是事实。其原因主要是由于人为的捕杀而造成的。

据记载，早在1937年，日军侵占大连，曾偷捕蝮蛇约7000余条，运至台湾。50年代，曾由于一次军用飞机训练时误投炸弹于蛇岛，致使1000余条蝮蛇死于烈焰之中，在1963年自然保护区建立之前，当地民众去蛇岛滥捕乱捉蝮蛇的现象也十分严重，有的人一次捕捉蝮蛇竟达1000多条！很显然，这样的人为捕杀，严重地破坏了蛇岛上的生态系统。

蛇岛独特的自然环境为蛇类生存提供了良好的条件，也为这里特有的生态平衡提供了基础。蛇岛地处海洋之中，气候温和，雨量适中，岛上多山沟、石缝和岩洞，可供蝮蛇冬眠之用，故十分有利于蛇类的生存、繁衍。

蛇岛上的生态系统亦是十分独特。许多候鸟在老铁山附近栖息，以备秋末冬初迁徙南方，寻找温暖的环境。于是，蛇岛也就成了大量鸟类栖息的地方。这里的鸟类有黄道眉、柳莺、田鹨、山雀、雨燕等数十种，它们中几乎极大多数可成为蝮蛇的腹中物，甚至于凶猛的雀鹰有时也难逃蝮蛇之罗网。若雀鹰在与蝮蛇搏斗过程中，动作稍有疏忽，即会被蝮蛇咬伤毒死，从空中坠落下来。当然，若雀鹰突然而迅速向蝮蛇进攻，则可将蝮蛇啄死。反而使蛇成为鹰的口中食了。

众多的鸟类来此栖息的原因，是这里有着大量的昆虫。有些海鸟也以海滩下的动物为食，如海猫就专门吃些鱼、虾、海星、海贝等，而蛇岛的四周礁滩上海星、海胆、海葵等，附礁而生长着，在退潮时它们会出露在水面之上。

蛇岛之上，还有一种鼠类，名叫褐家鼠，据说是随渔船而到蛇岛上来的，褐家鼠虽然数量不多，但分布甚广，四条沟中均有发现。每当冬季来临，蝮蛇是进入冬眠状态。此时，蝮蛇不吃不喝，蜷缩在洞穴之中，昏昏而睡，褐家鼠就趁机猖狂活动，危害蝮蛇。而当冬眠期一过，蝮蛇苏醒过来，有了防身和攻击能力，褐家鼠就不敢轻举妄动了。相反要时时提防蝮蛇的攻击。所以在蛇岛之上，有蛇吃鼠半年，鼠吃蛇半年的说法。

神奇的蛇岛，有着神奇的食物链，维持着小岛上特有的生态系统的平衡。

蛇岛上的蝮蛇是一种黑眉蝮蛇，其形态与习性同大陆上的蝮蛇均有较大差异。故有关科研工作者将它另起新名——蛇岛蝮，为我国特有。

蝮蛇以鸟类为主要食物，观察蝮蛇捕鸟的情形是十分有趣的。可是蝮蛇的听力几乎没有，视力也极差，那么，靠什么来辨认鸟的位置呢?原来在蝮蛇的鼻侧有两个颊窝。颊窝对热度非常敏感，只要四周有千分之几的温度变化，蝮蛇便可凭借颊窝感知出这种变化。颊窝宛若一个热敏探测仪，使得蝮蛇可以极其迅速而准确地测出鸟类的具体方位，从而用嘴噙住鸟类。

从每天早晨6时左右，蝮蛇便开始爬上这里低矮的小树，或爬上裸露的岩石之上。它们贴在枝上，三角形的头部微微上翘，耐心地等待着鸟类的光临。只要小鸟一经飞落在树枝之上，蝮蛇迅速攻击，小鸟很快成为蝮蛇的口中食物。这种守株待鸟的方法十分有效的。因为蝮蛇具有极好的伪装色，其表皮颜色十分接近树枝或岩石，不仔细辨认是不易区别出来的。

小鸟在这种伪装的迷惑下，频频落入圈套之中，成为牺牲品。

蛇岛上为什么有这么多的蛇，到底是从哪里来的，并且为何得以长期生存下来？

原来，蛇岛上的蛇是由大陆上来的。但不是大陆蛇类渡海过来的，也不是由渔船带至岛上的，而是地质时期海陆变迁的结果。

大约在几亿年以前，海面远较今天海面为高，或者说是大陆太低，辽东半岛与蛇岛中连在一起，但均被淹没在海中。到了4亿年以前，这一地区开始成陆，辽东半岛与蛇岛开始逐步出露海面，后来经过数次的地壳运动以及海平面的升降，使得蛇岛饱经沧桑之变。当低海面时，辽东半岛和蛇岛连接在一起，蛇可以直接游到蛇岛上去；而当低海面时，辽东半岛与蛇岛连接一起，蛇可直接游到蛇岛上去；而当海面回升时，蛇岛逐渐与辽东半岛分开，于是蛇岛上的蛇便留在岛上了。虽然几经演变，但蛇岛上的蛇仍没有被大自然的天灾和人为的祸害所灭亡，相反在环境适宜的岛上代代繁衍下来，形成了今天的蛇岛。

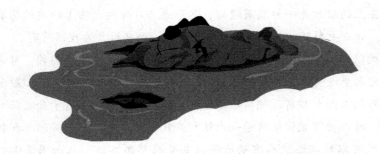

海洋奥秘

庙岛列岛和海市蜃楼

在山东半岛的最北端，有一座美丽的海滨城市蓬莱。从蓬莱之丹崖山上极目远眺，但见茫茫沧海之上，撒落着一群苍翠如黛的岛屿，宛若镶嵌在碧波上的颗颗宝石，这就是被人们誉为"海上仙境"的美丽岛群——庙岛列岛。

庙岛列岛，扼踞辽东半岛与山东半岛之间的渤海海峡，由大小30多个岛屿组成。自北向南，可分为三个岛群：北岛群有南隍城岛、北隍城岛有大钦岛、小钦岛等；中岛群有砣矶岛、高山岛等；南岛群有南长山岛、北长山岛、大黑山岛、庙岛等。其中以南长山岛最大，面积为20.4平方公里，庙岛列岛属山东省，为渤海门户，既是旅游胜地，也是军事要地。

庙岛列岛，古有蓬莱、方丈、瀛州海上三神山之称。据《史记》记载，秦皇汉武都曾不辞跋涉，停步歇马于丹崖山畔，望海中神山，乞求长生。有海市时，长山的形状又变幻莫定，方士们就对皇帝说海中有仙山，这仙山指的便是长岛。

庙岛列岛历史悠久，考古学家和地质学家曾考证：早在旧石器晚期，即约1万多年前，这里便有人居住。商代时人们在此穴居的遗址、古人的墓葬、古城墙土城的废墟……均有出土和发现，证明庙岛列岛具有悠久的历史。

庙岛列岛迷人的风景，吸引着无数的游人前来旅游观光。这里有著名的海上幻景——海市蜃楼；有各种海蚀地貌和海滩；有石岛、鸟岛、野兔岛、蝮蛇岛等；有各种海产品；更有那迷人的海景和宜人的气候。在诸多景色中。以海市蜃楼最为奇特罕见。据历年的记载报道，出现海市蜃楼最多的是长岛一带，如在1981年和1984年分别在庙岛、大钦岛出现了神奇的海市蜃楼景象，不仅可见岛屿上的层层山峦、丛丛绿树，而且可见岛屿上的建筑物、街道，车辆等，出现在海面之上的半空之中。

那么，如此奇妙绝伦的景观又是如何形成的呢?

原来，这是由于空气的密度不同而引起的光线折射而形成的。由于气温在海面之上空有着很大的垂直变化。当下面空气层受到海水冷流的影响，温度偏低，而上面空气层反而温度较高，此时，即出现下冷上暖的反常现象。这样，在光线的传播过程中，透过不同密度和温度的空气层时，会发生折射和全反射现象，使得远方的物像呈现在人们的面前，这种幻觉幻像，就是海市蜃楼。

海市蜃楼是大自然的一种光学现象，在特殊的条件下才会出现。所以平时极为罕见，人们难得去蓬莱及庙岛列岛一趟，更是不易看见海市蜃楼现象。但是，据以前的有关记载，海市蜃楼的出现也不是一点规律没有。而是可以初步掌握其出现最多的时间。大多海市蜃楼出现在盛夏的7月份左右。尤当雨过天晴，海面上还有云雾海气，刮起微微的东北风时，是有可能出现神奇的海市蜃楼景观。

1981农历七月初七下午，当时天气晴朗，海风微拂。波浪不起，海面上笼罩着一层淡淡的云雾。刹那间，在庙岛南侧的海面上空，隐隐约约现出了两个小岛。岛上道路蜿蜒，楼阁清晰，峰峦叠起，林木葱茏，蔚为奇观。人在楼阁之中出没，车在街道之上奔驰，溪水在峰峦之间流淌，花在丛林之中争艳，宛若仙境，却又历历在目，清晰可辨，高高悬在半空之中，令人叹为观止!这次海市蜃楼历时长达40多分钟。观看的人直是眼福不浅。

海蚀地貌奇观也各有特色:有的突兀群聚，有的孑然孤立;有的像锋利的宝剑，直插云霄;有的像威武的雄狮，昂首伏波;有的像一对情侣摩肩擦臂，亲密无间;有的像窈窕少女，楚楚动人。这些奇礁怪石或雄浑粗犷，或古朴清幽，或玲珑剔透，神韵各具，形成了庙岛列岛的奇景。

如此奇美的庙岛是怎样形成的呢?据考证，庙岛列岛原是山东半岛的一部分，与大陆连接在一起，后因地壳运动，山地海面升降的变化，造成了庙岛与大陆的分离，成为海中之岛群。

组成庙岛列岛的主要岩层是震旦系的变质岩，局部有燕山期的花岗斑岩，在大黑山岛的顶部有上第三系到第四系的玄武岩。在构造上，这些岛屿排列在北北东向的断裂带上，岩层走向近于南北。它们大抵与渤海海峡断陷同一时期形成，可能为第四纪时期。

在各岛上，还见有第四系堆积物，如中更新统的红色坡堆积物。上更新统的黄土堆积，黄土以大钦岛、大黑山岛保存最为完好，其上限达到海拔60米左右，黄土中夹有海相和陆相软体动物化石。

在晚更新世冰期低海面时，黄、渤海海底变为陆地，庙岛列岛只是陆地上的小丘。在渤海和黄海南部的海底，发现了属于那个时代的大型食草动物残骸，也证明了这一点。冰后期海浸以来，庙岛列岛地处潮流、海流的进出通道，海底受到了强烈冲刷，在老铁山水道的最大深度可达79米。

复杂的地质构造和地貌形态，蕴育了丰富多采的海边奇景；宜人的气候和洁净的海水，生长了众多的海生动物和植物。庙岛列岛地处渤、黄两海之间，是多种鱼虾回游的必经之地，有对虾、刀鱼、鲳鱼等20多种主要经济鱼类，是一个良好的天然海上牧场。

北长山岛上的玉石球

在茫茫的渤海湾碧波之中，有一群扼踞着海峡的岛屿，它们就是庙岛列岛，其中有一个以美丽的月牙湾海滩而闻名遐迩的小岛——北长山岛。

北长山岛的礁石景观颇为壮观，但最为著名的是位于岛屿东端的月牙湾。月牙湾，又称半月湾，是一个长达2.5公里左右的海湾，面向正北，东西两处岬角突出海中，将海湾环抱起来，在海浪的长期作用下，形成了一个相当规则的半月形海滩。站在山头或岬角处，俯视月牙湾，在那湛蓝的大海衬托下，宛若一轮金黄色的明月静卧在海湾之中，格外神奇迷人。

月牙湾不仅本身形态优美，而且湾中海滩上有着无数色彩斑斓的卵石——珠玑石球，这种珠玑石球实是产于一条长达1000多米、宽达50多米的砾卵石海滩。由于组成北长山岛的基岩石中富含硬度坚硬的石英、燧石成分。在海浪的冲蚀之下，得以磨圆、保留在海滩上，形成五彩卵石海滩。

月牙湾出产的珠玑石，在北宋年间，便为著名的文学家苏东坡赞赏不已，形容它为"五彩斑斓"、"香色粲然"，还专门为一位珍藏月牙湾珠玑石球的朋友写了一篇《北海十二石记》的文章。

的确，人们迈步在月牙湾的砾卵海滩上，不禁会被脚下这花花绿绿的球石所吸引，宛若置身于一个珠光宝气的神妙世界里。那光怪陆离的珠玑石球，有的洁白如玉，有的红似玛瑙，有的碧若翡翠，有的亮赛明珠，各种颜色，各种形态，令人目不暇接。俯首拣些珠玑石球，带回去留作纪念，是一件既有趣又有意义的乐事。

北长山岛月牙湾的珠玑石球，不仅仅因其外观美丽而被用来观赏珍藏，而且还可以作为陶瓷和冶金工业的重要原料。这里的珠玑石球系燧石质地，即其化学成分是二氧化硅，硬度极高，能在绝对零度中不变形，达到炼钢的热度而不溶化，是金属制品所无法替代的。因此，在炼钢厂、化纤厂等工厂里，用珠玑石来做催氧机械的填料，起着分离过滤氧气的作用，而搪瓷厂、掏瓷厂等又把它作为球磨机的最佳填料，现在，当地渔民每年要从这里拾拣大批石球支援工业建设。

那么，如此绚丽多彩的珠玑球石是怎样形成的呢？

经地质地貌学家对长山岛的考察，认为组成长山岛的主要岩石是震旦系的变质岩，也有一些中生代的燕山期花岗斑岩，这些岩石中富含硬度坚固的石英、燧石成分。随着海平面的上升，庙岛列岛便出露在汪洋之中，成为点点岛屿。在海浪的长期冲蚀下，有些低洼及软的地方，便被海浪冲击成小湾，日久天长，便渐成海湾。山岩亦随之崩落，在海浪的磨蚀下，便渐成圆球，堆在海湾之中，形成了今天的月牙湾。

南长山岛上候鸟多

庙岛列岛由30多个岛屿组成，其中以南长山岛最大，面积为20.4平方公里。从南长山岛到北长山岛之间有一条海上公路，名叫玉石街，其宽有8～9米，长达1000多米，为人工修成。

相传这条玉石街是神仙所赐，说的是唐太宗东征时，住在南长山岛的南城之中，而正在生病的大将尉迟敬德，却住在北长山岛上，唐太宗每次去看望将军，都得乘船过海，有一天唐太宗说："要是南、北长山岛有路相通，我一定每天都来看望你。"唐太宗的爱臣之心，感动了神仙，当夜狂风大作，飞沙走石，十分惊骇人心，第二天，便有了一条玉带似的长街，将两岛连结在一块。

其实，玉石街的铺筑完全是靠长山岛渔民的智慧和勤劳。为了防止浪涛的冲击侵蚀，在玉石街的东西两侧，沿堤摆满了三角形的大麻石。靠西面的浅海之内，辟成了一个海带养殖场，用来固定海带绳索的无数玻璃球，一排排浮在海面，一直延伸到很远。构成一幅美妙的图画。

长岛之景，还有一奇，即是候鸟馆。候鸟馆坐落在长岛峰山松林苍翠的山顶上。它是一座楼阁式的仿古建筑，红柱黄瓦，雕梁画栋，古色古香。楼阁四周，有台阶及汉白玉回廊相通。站在这里，可以俯览长岛和渤海景色。

陈列馆前有一座高8.5米、重16吨半的雄鹰雕塑，它是鸟展馆的标志。

陈列馆内目前陈列各种鸟类标本120余件。这些标本制作精良，将鸟类飞翔、觅食、追捕、求偶等诸多生活中的姿态，活灵活现地展示了出来。

展出的标本中，最多的是鸣禽和攀禽。鸣禽是鸟类中较高级的鸟群，它们娇小玲珑，叫声婉转动听，羽毛光滑艳丽，可谓声色俱佳，故常是人们笼中的宠物。如黄鹂、三宝鸟、白眉鸫、沙百灵、燕雀等，均能在陈列馆中找到其标本。

　　陈列馆中还有相当数量的猛禽鸟类标本。如苍鹰、蜂鹰、雀鹰、游隼、金雕、白肩雕、白尾海雕等数十种，还有不少珍稀鸟类的标本。如白鹳、大天鹅、海鸬鹚、豆雁、白眉鸭、黄嘴白鹭等。

　　据长岛的观测资料，每年春秋过往长岛的候鸟种类多达230多种，其中属国家一二级保护鸟类的有41种，属世界上濒临灭绝的珍稀鸟类有9种。

　　众多的鸟类光临，为长岛增添了独特的生机与景色。每当春秋季节的晨昏时分，成群结队的鸟群，叽叽喳喳在林中鸣叫，追逐、嬉戏，一旦受惊飞起，顿时蔽天遮日，蔚为奇观。

　　几乎岛上的所有角落，都能找到鸟的踪迹：水中的礁石、岸边的岩洞、街头巷尾、屋后房前、树林草丛，甚至海上行驶的帆墙、住宅的门窗与阳台，都是鸟的栖息之地。人们在岛上行走，有时也会有飞行中的鸟禽投入怀中，真是一个鸟的世界。

古老的大黑山岛

大黑山岛坐落在庙岛列岛的最西边，其面积较大，东侧靠近北长山岛和庙岛的海面上，有一黑山岛与它相伴。大黑山岛上，以蝮蛇、古墓和燧石三样景色最为著名。

大黑山岛上，山石嶙峋，草木丰茂，地面阴湿，十分适宜于蝮蛇的生存繁衍。蝮蛇是一种剧毒蛇，可谓是一个名副其实的蛇岛。虽说，大黑山岛上的蝮蛇数量和密度比不上大连老铁山附近的蛇岛，但其丰富的蝮蛇资源，也许算得上是我国的第二大蛇岛了。

目前，初步估计大黑山上的蝮蛇总数已超过1万多条。蝮蛇虽有剧毒，但浑身是宝，可治疗多种疾病，在医学上有着极大的药用价值。

大黑山岛上曾发掘出多处古墓葬，并伴有大量古代文物，成为我国考古史上一次重要发现，也是大黑山岛上的又一绝景。据考证，这里著名的北庄母系氏族社会村落遗址，生动地展现出了5800年以前我们祖先的生活方式，在考古史上与闻名中外的西安半坡文化遗址齐名。已发掘出来的40多座房屋遗址和两座30~40人的合葬墓。以及各个时期的大量文物，就其数量和质量而言，均已超过了西安半坡遗址。大黑山岛虽小，但出土了如此丰富的1万多件历史文物，并可以按历史序列将其排列起来，成为中外罕见的"海上博物馆"。它对庙岛列岛的开发史、我国人类的文明史以及文明起源于何处等等重大问题，有着极其重要的参考意义。

大黑山岛的燧石也是十分有名的。在庙岛列岛之中，以螳螂岛上出产的燧石为最佳，其次大概要数大黑山岛上出产的燧石了。石工们将燧石采出后，把它加工成方块形状，可成为工业上磨光机上磨光的填料；把它加工磨成圆状，可做大型名贵建筑之中的装饰品。

古老的大黑山岛有着悠久的历史文化和丰富的物产，在我国也算得上是重要的岛屿之一。

竹山岛竹林之谜

竹山岛有大竹山岛和小竹山岛两个，分布在长山岛的东面，是两个较小海岛。

竹山岛上，有着美丽的风光，这里到处是一派江南水乡景色：小河流淌，房屋错落，翠竹簇簇，在茫茫沧海之上，浩瀚烟波之中，这样两个弹丸小屿，竟有这般景色，岂能不令人赞赏不已！

竹山岛是庙岛列岛30多个岛屿之中，惟一生长竹子的岛屿，那半坡的翠竹，东西两片，亭亭玉立，婀娜多姿，如今在竹山岛之上，仍可见到这片生机盎然的翠竹林。

究竟竹山岛上的竹子是怎么长出来的?尚须进一步考证，一种看法认为可能是在距今数千年前，气候甚暖湿，竹子大片在温带区域生长，当时就有可能在竹山岛上生长。它的种子也有可能随着古人的船只带过去的。另一种看法认为可能是数万年前，海面下降，比现代海面为低，当时渤海海峡露出水面，庙岛列岛也成为陆地上的一些山丘。此时大陆之上，翠竹丛生，作为山丘的庙岛列岛原就有翠竹生长着。后来随着海平面的抬升，陆地上的山丘渐渐被海水淹没，成为庙岛列岛，而岛上生长的翠竹一直留了下来，直到今天仍可在竹山岛上见其婆娑身影。

总之，竹山岛上的竹子到底如何生长出来的，至今始终是个谜，令人好奇，有待科研人员作进一步的研究探密。

砣矶岛上彩石多

青少年自然科普丛书

qingshaoniantziraankepucongshu

海洋奥秘

砣矶岛处于庙岛列岛的中间，南有长山岛、庙岛、大黑山岛等组成的南群岛，北有南、北隍城岛和大小钦岛组成的北岛。

砣矶岛之景，在于三绝：砚台石、盆景石和彩色石。故砣矶岛又称为石岛，在国内外享有较高的声誉。

砣矶岛西侧的清泉池处，开采的石料石色青黑，质地坚硬，油润细腻，金星闪烁，雪浪翻涌，是我国著名的鲁砚石料之一，名曰"金星雪浪石"。经能工巧匠们的一番精心加工制作，成为砚台，历来受到文人墨客的赏识，是历代地方官吏敬献皇帝的贡品。乾隆皇帝有一次得此地方砚台一个，观后十分欣赏，还赋诗一首大加赞赏。

砣矶岛上的盆景石和彩色石都同样十分著名。由于岛上岩石之中常有白色的石英和蓝绿色的绿泥石相间共生排列在一起，组成蓝白相间的条带状彩色石块。把这些彩色石制成盆景，竖直而置，若万泉争流，气势磅礴；横卧而放，则白云绕峰，缥缈神奇。若再适当加工成一定形状，进一步让其天然之色彩显示出来，并配上恰当的名称，那么，砣矶岛上的彩色石块就变成了一个个玲珑剔透、仪态万方的精美盆景了。用"无声的诗，立体的画"来描绘砣矶岛盆景，确实是再恰当不过了。

彩色石是砣矶岛上的又一大特产，其最大特点是色彩斑斓，图纹多变，色则赤橙黄绿青蓝紫黑白俱全。纹则直曲长短粗细皆有，一块块被海浪冲蚀成各种形状的石头，分布着这些美妙绝伦的图案，恰如一幅彩墨酣畅、走笔龙蛇的中国泼墨山水画，细细观之令人倍感逼真生动：有的如同行云流水，江河奔流；有的如同江心沙渚，画面充满诗意；有的如同雕梁画栋，钩心斗角……姿态各异，形象不一。

整个砣矶岛，就宛若一个神奇的壁画世界，一个充满着幻想的童话天地，一个天然的艺术回廊。

布满蝎子的大钦岛

　　大钦岛位于北岛群的南端，在其北面有一小岛相随，名为小钦岛。

　　大钦岛上之所以有这么多的蝎子生长繁衍，与大钦岛上特殊的自然环境有密切的关系。这里林木茂盛，花草丛生，枯叶成堆，顽石遍布，为蝎子的生存繁衍提供了十分有利的条件。由于大钦岛上人烟稀少，捕捉蝎子为数尚少，故蝎子在大钦岛得以大量繁衍。

　　蝎子喜爱群居，至少三五成群，多者几十甚至上百的聚集在一处适宜隐蔽的地方。在一些堰坝或石堆里，你若仔细去观察一番，有时可发现上百只大小不一的蝎子抱在一起，形成奇特的蝎子球。

　　大钦岛上，也是经常可见海市蜃楼的地方。1984年7月29日下午4时，在大钦岛的正西方向，曾连续出现过两次海市蜃楼。在4时40分左右，只见海面上突然出现了一片层层叠叠的山峦坡谷，其上遍布高高低低、大大小小的各种建筑物，尤其是那高高的烟囱十分引人注目，烟囱里还冒着黑烟呢!还有各种车辆在街道上穿梭来往，路上有许多游移的黑点，影影绰绰，极像街上的行人在行走。这次海市蜃楼持续40分钟，至5时20分才逐渐消失。正当游人们余兴未尽，留连忘返之际。海面上又一次出现极为壮观的海市蜃楼，时间是5时30分，离前一次的幻景只相差10分钟，使观看的人们又一次大饱眼福。这种机遇一生难得，确实使人终生不忘。

鸟语花香的海驴岛

海驴岛坐落在山东省成县成山头西北的大海中。这是一个比较独特的小岛，岛上悬崖陡壁，一群群海鸥往来盘旋其上，隔海望去，整个岛屿状似一只瘦驴卧于海中，所以称为海驴岛。

海驴岛距海岸1600余米，面积1312平方米。据神话传说，二郎神挑山填海曾行至成山，正行间忽闻东海有驴的叫声，西岸有鸡的鸣声，一惊扁担折断，挑筐随即落入海中，化为两座海岛。从此，人们便称东岛为海驴岛，西岛为鸡鸣岛，两岛之间各有一块耸天而立、高有数丈的石柱，便喻为"扁担石"。虽为神话，但两岛自然形状却与神话十分相配。

海驴岛上，山石景色，神奇莫测。经长久的潮水波浪冲击侵蚀，岛之四周岸崖已是满目疮痍，洞孔累累，千奇百怪，各具风韵。大的海蚀洞内可以行舟，小的海蚀洞则仅能容纳数人。粉红色的岩石，层层叠叠，造形生动，可谓步步有景，景景生情，令人心驰神往，回味无穷。

海驴岛是鸟的世界。登上海驴岛，只见岛上海鸥遍地。众多的海鸥"咕咕"地叫着。由于岛上尚无居民，也没有其它天敌，故海鸥之繁衍越演越烈。有时一大群海鸥同时栖息在一块岩礁上，几乎覆盖了整个岩礁，远远望去，宛如一块洁白的冰山呢！

海鸥大量繁衍生息在海驴岛，是与岛的自然条件和特殊地理位置分不开的。每当清明过后，即是海鸥产卵时期。产卵后月余开始孵化，这时海鸥很少离窝，即使人们去赶它，它也不愿离开。所以，海驴岛的海鸥，栖息在岛礁岩缝中的多，而飞翔在天空中的少。

鸟总是和花连在一起的。海驴岛不仅是鸟的世界，也是花的王国。据荣成县志记载，在唐代以前，岛上布遍耐冬花。每逢早春，耐冬鲜花盛开，漫山遍野均是花的海洋。因此，海驴岛又有冬华岛之美名。

几经沧桑。现在岛上的耐冬花可惜已绝迹，代替它的则是成方连片的山菊花。每逢金秋时节，金黄色的花朵便充分地开放起来，远远望去，一片金色，景色非常优美。

秦山岛的海蚀现象

秦山岛位于江苏省赣榆县城岸外8公里，全岛狭长形，呈单面山形态，东西长1000米，宽200米，面积虽不足0.2平方公里，地理位置却相当重要。它像一个英武的哨兵，屹立在连云港的西北方。

秦山虽小，古迹却相当丰富。据史籍记载，秦山东首，有秦始皇刻石。自秦始皇令丞相李斯刻石纪功之后，便开立了碑碣之风。

秦山岛上地质结构比较简单，全岛由石英岩及大理岩构成，夹有云母片岩，云母石墨片岩夹层，岩层走向北西，倾向北，倾角40～50度，呈一单斜构造。石英岩及大理岩均厚层坚硬，多断裂构造。构造线走向北东及北西向，岩层受海蚀后多沿节理面裂开，成巨大的岩块崩落。片岩夹层受深度风化，成红土状风化壳，风化层剖面厚度达14米。

受海浪的长期冲击以及历史时期海平面的升降变化，秦山岛经历几度沧桑演变，形成丰富多彩的自然景观，整个岛屿岸线均受海蚀，海蚀崖高20～50米，崖下部受海蚀，崖上部岩块沿节理断面崩落，在崖麓堆积着直径几米至十几米的巨大岩块。岛的北部及西部现代磨蚀阶宽150～200米，有15米高的海蚀柱、海蚀穹，海蚀现象非常壮观。岛的北侧及西侧已被蚀去大半，地形上不对称，岛的东西两侧岩滩上部堆积一些砾石，构成砾石坝。

秦山岛南部有一条砾石坝，自岛向陆地方向延伸，长2.6公里，北部宽400米，南端尾部宽50米，坝顶高出高潮位0.8米，其厚度指海底以上部分5～5.8米。显然，该砾石连岛坝为一自然堆积体，物质来自秦山岛海蚀产物，连岛坝的发育阻挡了海洲湾南部沿岸的泥质沉积物沿岸北上，造成以连岛坝与赣榆兴庄河口为界，南部沿岸为淤泥质海岸，北部为沙质海岸。沙滩上沙软潮平，海水洁净，是海水浴的一个适宜场所。

秦山东首有三石耸立如人，其中两块尤为高峻，气宇轩昂，渔民称为

"三大将军"。

　　据传泰山西南还有一条神路，《述异纪》说：秦始皇作石桥于海上，欲过海观日出处。有神人能驱石下海，石去不速，辄鞭之，皆流血。秦山神路，就是鞭石成桥之事。

"东海蓬莱" 嵊泗列岛

嵊泗列岛位于浙江省北部海域，南面上有"东海蓬莱"之称的岱山岛，北侧离上海只有30多海里的距离，是我国分布在太平洋西部最东面的列岛。

嵊泗列岛岸线曲折，岛礁星罗横布，滩地类型复杂多样，岬角岩礁突兀海中，金色沙滩连绵亘长，摩崖石刻到处可见，树木茂密，风光独特，历来被人们誉为"海上仙山"。

嵊泗列岛地属北亚热带海洋性季风气候区，冬无严寒，夏无酷暑。由于海洋的巨大调节效应，比内陆要凉爽许多，加上岛上风速较大，即使在盛夏季节，也感到十分凉爽。

嵊泗列岛，林木葱茏，一片翠绿。列岛的绿化覆盖率高达36%，生态系统保存较好，自然环境十分幽静。岛上常可见海面沙鸥翔集，沙滩飞禽啄食嬉戏的生动景观，对于长久生活在大都市喧闹噪杂中的人们来说，这里无疑是一个理想的自然乐园。

嵊泗列岛海岸曲折，水动力条件复杂，大多数岛屿之东南沿岸都分布着优良的沙滩，列岛内共有25处之多。沙滩总长度超过10公里，海域面积150万平方米。海域开阔，岬角突兀，沙滩平缓，沙质洁细，有的硬若"铁板"，有的则松软如绵，四周青松苍翠环绕，下衬金沙碧海，异常美丽动人。

嵊泗列岛的海水较洁净，透明度一般在3米以上。列岛内以基湖海滩为最，是理想的海水浴选择地。

基湖沙滩长达1900余米，宽200多米，临海而立，顿觉心旷神怡。南长涂沙滩，位于基湖沙滩南面，长达2200多米，宽亦有200多米。这两处沙滩，一南一北，间隔仅300余米，由于位置不同，两沙滩景观也有差别。每逢南风向时，南长涂沙滩上波浪汹涌。激流冲岸，而北侧的基湖沙滩则风平浪静，一片平和；而当北风刮起之时，基湖沙滩则是海浪滔天，南长涂沙滩上反而浪平流缓了。

嵊泗列岛，岛礁散布，深居汪洋，远远望去，列岛若星星点缀于夜空一般，故人称"一分岛礁九九海"。海域广阔，时而海涛扬波，时而宁静如镜，岛影稀疏，临此方觉"海阔天空"之真意，加上列岛上，山崖峻险，峰峦叠翠，故嵊泗列岛兼备了山海之胜景。

嵊泗列岛多为山地，丘陵起伏，登高极目远眺，有时风和日丽，波光粼粼，有时骇浪惊涛，慑人心魄；时而云雾迷漫，宛若仙境；时而晨曦斜晖，金光万丈。万千气象，全集于此。

嵊泗列岛内的海蚀崖、海蚀洞、岬角、礁石等海蚀奇观，比比皆是，或海崖陡峻，气势雄伟，酷似海上的"礁岩长城"；或玲珑剔透，嶙峋多变，犬牙交错，形似"海上盆景"，佳趣天成，令人叹服。

岩石礁洞，是嵊泗列岛风景资源中的最重要的内容之一。列岛内共有40多处，主要分布在小洋山、黄龙岛和枸杞岛上。孤岩独立，石柱丛生，危崖耸立，奇穴异洞，妙趣横生。如黄龙岛的元宝石，推之动转而不坠。它位于黄龙岛的东北部，是两块外形奇特巨石，外形酷似元宝，横置于陡峻悬崖之上，轻推则左晃右动。石上刻有"东海云龙"四字。传说是女娲补天时不慎失落在东海的金元宝，此山因此得名元宝山。

嵊泗列岛上的海蚀洞也十分繁多。如花鸟岛上的穿心洞，从整个山体之缝隙间，可隔山看见对面的景物；泗礁岛上的穿鼻洞、礁岩洞等，临海浪击，声音訇然；大洋岛上的通天洞、通海洞等，上可达山顶，下可至大海，真可谓奇观。

列岛上的奇石更是不少。海中之礁，有狰狞，有象形，有混沌，各呈异彩。如花鸟岛上的彩旗山，酷似野象；枸杞岛上的篷礁，形似一篷帆船。传说明朝时，倭寇入侵，雾中疑为真舰而大肆炮击，结果反被戚家军包围歼灭。

嵊泗列岛，虽深居大海之中，远离大陆，但历史已很久远。据考，早在新石器时代嵊泗列鸟上就有人类居住，菜园镇上曾发现过新石器时代的石斧、石镰及战国前人类居住过的遗址，马关镇石柱山下发现了商周晚期人类活动的遗址。唐代以后，海上贸易逐渐发达起来，嵊泗列岛成为中国与日本、高丽等国的贸易和交往的海上必经之路。有史记载，唐朝高僧鉴真大法师，数次东渡日本，屡遭失败，其中第二次与第五次东渡时，途经嵊泗列岛，因风浪受阻，登临泗礁大悲山和洋山等处，至今留下遗迹。

泗礁岛是嵊泗列岛中最大的一个岛屿。主要特点是岛上有很多奇石怪峰。

在泗礁岛最东面的山崖上，有一处名叫鹿颈头的地方，这里不仅有海岸炮兵留下的坑道、炮洞，而且山崖如壁，两块巨石如鹿颈一般，垂直入水，海浪从巨石间流过，响声如雷，溅起浪花可高达30米，形成惊涛拍岸、雪浪翻卷的壮美景观。鹿颈头是观海听涛的最佳去处。

此外，在泗礁岛的北侧，有两座悬水岩礁，形若卧水老鼠和一顶花轿，故人称老鼠山和花轿山。其它石景还有穿鼻洞、礁石洞等海蚀洞景观，小庐山、翠旗岗等山峦秀色，不胜枚举。

枸杞岛位于嵊泗列岛东部，是列岛中的第二大岛。岛东端有枸杞沙滩，甚为迷人；南部绝壁，有虎石、蛟龙出水、岛沙碑、小两山等胜景。

枸杞岛原以漫山生长枸杞而得名。现在养殖的贝藻类海洋生物，尤其是贻贝，年产量甚大。贻贝肉质鲜美，含有大量的蛋白质和八种氨基酸，号称海中鸡蛋，具有很高的营养价值。登山观海，品尝海鲜，使该岛越来越受欢迎。

花鸟岛位于嵊泗列岛的最北面，其形如展翅欲飞的海鸥，岛上花草丛生，林壑秀美，故得名花鸟岛。由于岛上终年云雾缭绕，故又名雾岛。

花鸟岛最为著名的景即是花鸟灯塔。该灯塔建于1870年，圆柱形塔身高达17多米，祭成上黑下白两道横纹。每当夜幕来临，塔顶的氙气聚光灯便以每分钟一周的旋转速度向四周扫射，射程可达22海里。半个花鸟岛在灯塔的强烈光束照耀下，如同白昼一般，如遇浓雾阴霾天气，能见度差，塔内还装有大功率的雾笛，声音可传出10多海里之外，以告来往船只，由于灯塔的历史悠久及雄伟壮观，故又被誉为远东第一大灯塔。

花鸟岛上的老虎洞、云雾洞、猿猴洞等都是佳景之一，据说云雾洞可深达海底。而东崖则是观涛的好去处，那里濒临大海，风急浪高，蔚为奇观。

花鸟岛自然繁花遍地，杜鹃、百合、水仙等名花随处可见。尤其是到春季，山花烂漫，香气袭人。沿岛的岩缝中还出产贻贝与石斑鱼，是登山、野营、垂钓的理想去处。

东极岛礁是嵊泗列岛最东端的边缘岛礁，也是我国领土的东界。东极岛礁四周海域辽阔，港湾秀美，波清海碧。由于深居大海之中，风浪拍击岛礁沿岸，造成卵石累累，大的如房舍，罗列在岛沿海滩之上，成为奇观。

　　环望嵊泗列岛，是一片海天浩瀚、山势磅礴的雄伟气象，景观十分壮美，令人心旷神怡。

大洋岛的通天洞和通海洞

嵊泗列岛西北隅，距上海南汇芦潮港仅30公里处有个小洋岛，而大洋岛之名，却来源于小洋岛，因大小两岛隔海相对，故大的就被称为大洋岛了。

大洋岛上有一大奇观，便是通天洞和通海洞。它位于大洋岛的大梅山上，为花岗岩球状风化石自然堆砌而成。

全洞长为200多米，从梅山脚直至山顶。游人可从山脚海边入洞，径直攀登至山顶之上；同样，也可从山顶入洞至山脚或海边。可谓一处通天，一处通海。在我国乃至世界海岸景观中，海蚀洞虽说不少，但这样奇特奥妙的洞穴可谓少见。

通天洞和通海洞中，比较宽广，可容10多人席地而坐，但狭窄处则只容一人侧身而过。更为奇妙的是洞内有一小溪，终年水流潺潺，流淌不断，宛若地下暗河，令人感到天工造化之神妙！

关于通天洞和通海洞，相传还是一个砍柴的樵夫发现的呢。

一天，樵夫砍柴路经此洞，甚感惊奇，感叹之余，便将扁担投入洞内，以探洞深，不料扁担入洞却再无音讯。

第二天樵夫来到海边渔夫朋友家做客，看见朋友家有根扁担，正是他昨天投入洞中的扁担。于是，樵夫忙问扁担的来历。

渔夫讲，是他今天早晨打渔时，在海蚀洞那边捞上来的。樵夫马上明白，山上这个洞是通海的洞。于是，云雾洞一头通天，一头通海的故事，便广为流传开来。以至成了今天的一大奇观，凡到过此洞的人，都会对大自然的这一杰作赞叹不已，深深不忘。

岱山岛上的"千岛湖"

岱山岛，古称蓬莱。据记载，秦始皇二十八年间，曾派方士带领童男童女数千人，到蓬莱仙山求山神施舍不死药。当时的蓬莱仙山即如今的岱山岛。

岱山岛。位于舟山群岛中部，全县境内共有406个岛屿。自古以来，岱山岛就有蓬莱十景之说，风景十分优雅。有许多景点还有独到之处，令人眼界大开。

在岱山大小竹屿海域，每逢7、8、9三个月，从竹屿到岱山的水道中，常常可见到数百条海豚结队成群，游来游去，还不时跃出海面，扬身再入海水之中，形若拜江，故人称"海豚拜江"。尤当游船经过，极具智慧的海豚还常追随船尾，逐浪戏闹，别有情趣。

每逢中秋过后，成群结队的鲸鱼从黄大洋浩浩荡荡地闯入岱山水道，又沿岱山水道北上直达岱衢洋面。鲸鱼群来临时，登上西鹤嘴的天灯山从高处俯视洋面，只见鲸群追逐戏闹，还不时喷出数丈高的水柱，甚至有群鲸齐喷水柱的情景，那别致的场面，宛若巨大的喷泉在喷水，让人领略自然界的奇妙。

众所周知，鲸鱼一般生活在外洋，东海一带并不多见，尤其水质浑浊的舟山群岛，能见到这样的鲸鱼成群现象，实在是十分难得。

燕窝山上的海上石笋，其实是海中礁石，经海潮长久的冲刷、风化、演变而成。登临燕窝山顶，只见海潮起伏中，石笋忽高忽低，随波隐现，动中有静，静中有动，情景十分生动。

另外，在燕窝山的礁石丛中、海滩边，可以随手拾到五颜六色的鹅卵石，玲珑剔透，光滑可爱，拾之可留作纪念。

从岱山岛的磨心山望海亭鸟瞰四周海域和舟山群岛，千岛星罗棋布的壮观景色，尽收眼底。登高临海，眺望海天苍苍，浩瀚无际，船帆点点，波光粼粼，疑为仙境，构成了一幅神奇的海上千岛湖图画。

舟山岛和大渔场

　　舟山岛是我国第四大岛，而舟山群岛却是我国最大的岛群。

　　舟山岛是整个舟山地区政治、文化、交通和经济中心。岛内以丘陵为主，占了全岛面积的70%左右，海岸线曲折，水深域宽，港湾优良，航线通畅，海运可直通宁波、上海、温州乃至世界各地。航空港也正在筹建之中。

　　历史上，舟山岛称定海，始建于唐玄宗开元年间，当时称翁山县。北宋年间，即1073年设昌国县，元升为州。清康熙二十七年，即1688年改名为定海县。1987年后舟山撤地区建市，定海逐成为区。

　　历史悠久的舟山岛上，留有不少名胜古迹，如抗清遗址"同归城"等，舟山人民抗击外来侵略的"三忠祠"、"震远炮台"遗址等。

　　"同归城"，位于城关镇龙峰山下，是清兵攻陷定海，明朝将士臣民死难18000多人的合葬墓，建于清朝顺治八年，即1651年。

　　"三忠祠"，建于清光绪十年即1884年，位于城关镇。为纪念鸦片战争中殉国的定海三总兵葛云飞、王锡鹏、郑国鸿而建。殿内有《新建三忠祠记》碑，记述三总兵的英雄事迹。

　　舟山岛不仅有较多的历史古迹，而且还有浓厚的海岛文化氛围。著名的有舟山渔民画、舟山锣鼓、渔家小调等等，均是极富海岛渔港情调的。

　　舟山渔场是我国最大的渔场，盛产各种海鱼如大黄鱼、小黄鱼、带鱼、墨鱼、鳓鱼、鲳鱼、虾、蟹、海蜇等，沿岛海涂上又大量养殖对虾、蛏、蚶等。除海产品外，舟山岛的白鹅，是优良鹅种之一，素称浙东白鹅。均是闻名遐迩的佳肴。

　　据当地人称，舟山不仅盛产海产品，而且还多出美女。外地人初到舟山，在大街小巷不时可见美女翩然而过，真是岛美、水美、人更美！

鲜为人知的南麂列岛

南麂列岛是一个景色优美而默默无闻的列岛，位于浙江南部的敖江口外，属平阳县管辖。距温州和平阳分别为50海里和30海里，总面积约12平方公里，由31个大小海岛组成，主要岛屿有南麂本岛等。南麂列岛以其丰富的贝藻海洋生物资源，被列为全国首批五个海洋自然保护区之一，亦是东海海域惟一的海洋自然保护区；同时它又以洁净的海水、深邃的港湾、峭立的岬角和奇特的岛礁。成为东海沿岸众多旅游性海岛中的佼佼者。

南麂列岛的海湾不仅数量较多，而且沙平流缓，景色优美，海滩形态上一般呈现狭深状。主要海湾有南麂港湾、国胜岙、马祖岙等。马祖岙在距岸250米之内，沙质滩面，是较好的海浴场所。

大沙岙沙滩浴场可能是浙沪一带沿海最理想的海滨浴场。大沙岙在南麂本岛的西南部，呈新月形，长达600多米，纵深达300余米。这里金黄色的沙滩纯净松软，湛蓝色的海水常年洁净透明。浴场两旁的岬角深入海中，自然环境幽雅秀丽，浴场淡水充足，滩地宽广，可同时容纳千人游泳。

在南麂列岛的31个海岛中，风景较佳的有23个。主要有南麂本岛、笔架山岛及空心屿等。

南麂列岛诸岛屿大小不一，景观各异。每个岛屿，即是一个兼山海奇观的世外桃源、海上仙境。如位于大沙岙口内的虎屿，因其外形如一卧虎而得名。屿上可观奇石怪礁，还可听涛看海。

海礁因其受潮水涨落之故，有明礁、暗礁和干出礁之分。南麂列岛共有60余个海礁景点。

海礁的自然景观是十分独特的。如有一座名叫"别有洞天"的海礁，有着与其名称相当的天然景观。其实。这是一个长形的海礁，位于南麂本岛的南端。由于海浪的长久冲蚀，形成了一个高达30余米、宽约10余米的贯通巨洞，宛若有一巨龙穿礁而过留下了这一巨孔，实际上是一个残留的海蚀穹。

在此海礁四周围的海蚀平台上，遍布礁石，形状各异；平台上面，滩险水急，是听涛、垂钓、观日出的佳处。

在南麂列岛，出露于海中的岩石，具有观赏价值的很多，这样的岩礁景观约有30多处。如鼓浪涧，是一个有一条两米多长裂缝的凹形礁。每当东南风起，海水冲击此狭小裂缝中，会发出如钟鼓敲击般的美妙涛声。

又如一名叫蜡烛礁的，位于大沙岙口的两侧，海浪冲击，崖体崩落，残留几根石柱，孤立海中，远远望去，宛如支支蜡烛。最长一支高达18米，有"擎天大柱"之别名。

南麂列岛上的人文历史景观较少，除在国胜山上有一个传说是郑成功当年在此练兵的练兵场，以及几处刻有虎林、海天打拱印、石首呈珠等字迹模糊的摩崖外，美龄别墅也是其中的一个重要景点。

形成于遥远地质时代的南麂列岛，因其优越的地理位置，拥有了华东沿海难得的天然海岛风景和海洋生物资源，加上尚未被污染和破坏的环境、清新的空气、清澈的海水和清洁的海滩，使人有一种人间仙境的感觉，置身其中，其乐无穷！

一衣带水的马祖列岛

马祖列岛地属福建省连江县，位于闽江口外，距大陆海岸只有数千米之遥。由高登、北竿、南竿、东犬、西犬等岛屿组成，它们犬牙交错地遍布在海上，与大陆一衣带水，隔海相望。列岛面积共27平方公里，迤逦绵亘，海域60海里，小岛上一片苍苍郁郁，绿树掩映，生气盎然。

马祖列岛具有优美的天然景色，阳光灿烂，海水湛蓝，由于造山运动的剧烈，马祖列岛外缘的褶曲构造特别明显，在景观上表现为山势巍峨，悬崖壁立，遍地奇石怪岩，造型千姿百态，十分生动。山峰云雾缥缈，四周碧海惊波，天空沙鸥翔游，渔帆点点，波光粼粼，不愧为一座名副其实的海上公园。

马祖列岛的主岛南竿港里，渔船处处，桅樯林立，岸上山间民房栉比鳞次，四周绿林重重，一片生气。岛上有诸多风景如画的建筑，如昆明亭、怀古亭、逸仙楼、云台阁等，楼阁筑于翠绿之中，四周林木苍翠，花红似火，环境优美。

马祖列岛的人文景观很多，其中"燕秀潮音"有二处：一处在北竿狮岭，一处在南竿仙洞。前者好像一头狮子，登冈远望，整个台湾海峡的风云变幻尽收眼底，且地多崖石，当海潮涨起时，拍岸冲石，响声轰然；而后者仙洞深不可测，飞浪激岩，回响不绝。

"福澳渔火"一景，颇为迷人。它位于南竿岛的东岸，海天无际，烟波浩瀚。每当夕阳斜辉，渔舟晚归，静泊港池，浩浩荡荡，十分壮观。尤其夜幕降临，渔火四起，闪烁不定，形同流萤相扑，布满海面，景色至为动人。

在近几百年里，马祖列岛与我国的民族英雄抗敌事迹，有着很深的渊源。明代的抗倭名将戚继光，即曾派军驻过马祖列岛，建峰火台以报警，监视海面，倭患遂绝。今日东犬岛上还有一块碑石，记载着明代剿倭的事迹。而明末的郑成功，为了抗清，也曾选拔过50名精壮校尉驻防在马祖列岛。别看马祖列岛非常之小，它为保卫祖国还出力不少嘿！

状如章鱼的平潭岛

平潭岛位于福建省中部沿海。据地理学家考证，在平潭岛，海坛岛中部的三十六脚湖，原是一个海湾，由于受海面升降，海进海退之影响，沉于海中，长期遭受海浪的冲刷、侵蚀，不仅形成了此地优美奇特海蚀地貌，也堆积淤塞形成了三十六脚湖这一胜景。

三十六脚湖，是平潭岛最著名的景观。它貌似一个巨大的章鱼，把众多的触角，伸向四面八方，累累的花岗岩山之中。湖周边岩堤，蜿蜒曲折，陡峭险峻，千峰突兀，万岩挺拔。各种形态的海蚀柱、海蚀洞、海蚀崖、海蚀凹槽、海蚀坑、风动石，百态千姿，奇景处处，令人目不暇接。

东尾有一仙人洞，洞深40多米，宽20米，宛若一椭圆形火山口。由于长期的海浪冲蚀，海涛冲击，浊浪排空。另有一青峰海蚀洞，则另具一格，在海水不断冲击下，中部崩陷，先成为海蚀凹陷，继凿穿成洞。从中远望，海浪起伏，船只来往穿梭，海鸥飞翔空中，各种景色达眼即逝。在苍茫浩荡之中，显得神奇莫测，宛若梦境。

三十六脚湖，清水碧潭，晶莹如玉。四周山峦环翠，环境幽雅。人在其中，若置仙境。尤其是龙屿、鲤礁、钓石台，以及大大小小的湖礁岛群，犹如满天星斗，竞呈闪烁，蔚为奇观。

石牌洋是平潭岛上又一胜景，名称"半洋石帆"，石为长方体，一高一低，高者约30米，低者约20米，前后排列，酷似舟帆。石帆顶端杂草丛生，俗称"海上仙草"，底部由一群礁石组成，形似船体。每当落日衔山，隔岸远眺，仿佛有一艘巨舻，鼓着双帆，悠然行驶。过往船只与之比较，相形见小，所以有"有帆皆小，石帆独高"之说。其景十分优雅，令人赞不绝口。

海上门户金门岛

金门岛位于福建省同安县的东南海面上，东望台湾，西对厦门，明代曾筑城墙于岛上，据说当年郑成功曾起兵于此。

金门原是个荒芜的土石小岛，后经过开发，如今林荫道上树木蔽日，交通公路网四通八达。

金门岛上最著名的古迹，那就是鲁王圹，它已有300多年的历史了。据1959年夏季对金门岛历史的考证，发掘了鲁王的真圹，在出土的圹志里，说明鲁王卒年为康熙元年，即公元1662年，患的是哮疾而死。文武百官遂将其葬于金门东门外的青山上。

后来鲁王忠骸迁葬重建新墓，墓背山面海，前立牌坊，中建碑亭，庄严肃穆，树木茂密，成为金门岛的一大历史观光胜地。附近的古岗湖，即是往昔记载的湖水，湖边有古岗楼，山腰有古岗亭，朱梁碧瓦，无不古色盎然。

湄州岛上的"中国女海神"

湄州岛位于湄洲湾口，东隔台湾海峡，与澎湖理岛遥遥相对。岛上绿荫蔽日，景色迷人。尤其以天后宫，俗称妈祖庙而著名。

相传湄州岛是海妃"天上圣母"故乡。妈祖，原名林默，是宋代巡检林愿的第六个女儿，由于她心地善良，常助渔民，救人性命，一生中救了许多渔船和渔民，故渔民感其恩德，尊其为海神、神姑。宋时封圣妃、天妃，各地立庙奉祀，明三保太监郑和七下西洋，回来后奏请，称"妈祖显圣海上"，并两次奉旨到湄洲岛主持御祭仪式。清朝靖海将军施琅进军台湾，也奏称"海上获神助"。

妈祖庙初建于宋雍熙四年即公元987年，仅平屋数间，扩建于天圣年间，即1023～1032年，规模日益壮大。现存庙宇，建有正殿偏殿五大座，雕梁画栋，金碧辉煌。每年农历三月廿三日，传为妈祖圣诞之时节，民间盛况，如同过大节。东南亚、南北美、日本等海外善男信女，奉斋献香，朝拜不已。湄州岛妈祖庙，是各地妈祖庙的祖庙，台湾北港天后宫的妈祖神像，也是由湄州雕造后再运去的。

作为中国的女海神，妈祖有着大海般的东方神秘性和强大的民族凝聚力。

妈祖庙后侧，有峰叠起，峭壁之上，书有"观澜"两字，苍劲有力。妈祖庙前临大海，岩岸受潮汐波浪长期侵蚀，已形成海蚀洞窗，潮起潮落，波长波消，回音不绝，宛若天乐，故称"湄屿潮音"，为莆田二十四景之一。远望外海。山海相连，山外有山，海外有海，苍茫之间，神秘莫测，宛若人间仙境。

"海上花园"厦门岛

　　厦门岛上有许多白鹭栖息，海岛又形似一只美丽的白鹭，荡漾在闽南的碧波之上，于是就有了鹭岛、鹭门等名称；又因为这海岛之上"山无高下皆流水，树不秋冬尽放花"，万年无飞雪，四季花常开，所以被称为海上花园。

　　厦门位于闽南九龙江口的厦门岛上，以前是海岛，后来修建集美海堤和杏林海堤后，乃与大陆相连，成为一个半岛。现在火车、汽车、海轮、飞机均可直抵厦门市内，交通十分方便。

　　自古以来，厦门就是我国东南沿海的海防要地，原属同安县。元、明时期为防倭寇侵扰，在此设立防哨。明洪武二十七年即1394年，在岛上筑城，名为厦门城，意取"大厦之门"，以显其战略地位之重要。清代设厦门厅，1933年设厦门市。

　　厦门港是我国东南沿海的重要港口之一，可泊万吨船只。厦门附近鱼类资源丰富，盛产带鱼、鲳鱼、墨鱼、海参、对虾等，物产丰富。尤其是厦门文昌鱼，驰名中外，是著名的美味佳肴。

　　厦门是典型的亚热带海洋性气候，冬无严寒，夏无酷暑，全年温差小，气候十分宜人。

　　厦门一带以花岗岩为主要岩石，故山体多呈浑圆形。山上多怪石奇岩，坡上多花草林木，降水丰沛，山中多流泉飞瀑，依山濒海，山海之景兼有。厦门风景绮丽，名胜古迹多不胜数，其中最具特色和著名的海滨风光点，要数南普陀寺、万石植物园、胡里山炮台、厦门古城遗址、厦门大学等。

　　南普陀寺在厦门大学旁边，寺中供奉观世音菩萨，与浙江普陀山共奉一佛，位置在南方，故称南普陀寺。

　　南普陀寺始建于唐朝，后几经沧桑易名，现存为清代康熙年间重建。

寺庙背依五老峰，面濒大海，具山海之景，风水极佳。万石植物园位于万石岩一带而得名。这里早为名胜风景游览区，附近有闻名的厦门八大景之一"虎溪夜月"和小八景的"朝天笏"、"中岩玉笏"、"太平石笑"等。20世纪50年代建了一个库容15万立方米的万石岩水库。到了60年代初，辟为植物园，建有标本大楼、花展馆、茶室、仙人球培养场、荫生植物棚，拥有热带、亚热带的花草树木和各种植物品种4000多种。"松杉园"为园中之园，长年林木葱郁，不知秋冬。园内山水秀美，一年四季，花香鸟语，潺潺水流，令人留连忘返。

在狮山北坡的最上方，有太平岩。太平岩前洞泉隐伏，流水淙淙。更奇特的是在极乐天摩崖石刻下，有厦门小八景之一的"太平石笑"。此石由四块不同的天然岩石相叠而成，上面两块巨石相互贴合，另一端张开，宛若开口在笑，生动形象。石上题有"石笑"两字。

白鹿洞位于厦门东北玉屏山南，虎溪岩背后。有六合洞，朝天洞、宛在洞等洞景，原有三宝殿和僧舍，相传为朱熹在庐山白鹿洞书院讲学时，曾来过此地，后人纪念他就在此起名"白鹿洞"。洞内有白鹿泥塑一尊，因常有烟雾涌出，缕缕可见，所以有"白鹿含烟"之称，为厦门小八景之一。

胡里山炮台是厦门甚为著名的历史遗物，位于厦门东南的胡里海滨。这里地势高峻险要，面临大海，视野开阔，与隔海屿仔尾互为犄角，可控制厦门港口，历来为海防要塞。清光绪十七年即1891年，福建水师在此筹建炮台。1896年竣工。炮台内至今尚保存一尊德国克虏伯兵工厂造的大炮，附近墙堡雉堞兵舍都保存完好，是一个比较完整的历史遗迹。

我国最大的台湾岛

台湾岛是一个名驰海内外的美丽岛屿，早在明朝嘉靖二十三年即1544年，一队葡萄牙商船从欧洲前来东方做生意，当船队驶进台湾海峡时，向东眺望，万顷碧波之中，浮现一列绿如翡翠般的岛屿，这就是台湾岛。从此美丽的台湾岛随着欧洲航海家的行踪传遍全球。

台湾岛，是我国最大的海岛。其南北长394公里，东西最大宽度为144公里，环岛周长为1139公里，面积35788平方公里。它东临浩瀚的太平洋，南界巴士海峡，与菲律宾遥遥相望，西隔台湾海峡，与福建省相邻，东北方与琉球群岛遥相呼应，构成了我国东南海面上的天然屏障。

台湾岛地势复杂，以山地为主，平原较少，河流湍急，景色秀丽。阿里山、日月潭等著名风景区自然不用多说，就是环绕这个美丽宝岛的四周海岸，或海滩平缓柔软，或海崖临海壁立，或礁石奇形怪状，或椰树婆娑起舞，各具风采，美不胜举。

台湾地跨亚热带与热带两个气候带，北回归线正好穿过本岛中央。除局部高山地区外，全岛平均气温都高于20摄氏度，常年湿热，没有寒冬，南北温差十分微小。最热的夏天，因四面环海，海风吹拂，所以并无闷热之感。至于山区，气温随海拔的增高而递减，甚至可出现温寒带的景观。

台湾岛的降水量十分丰沛，每年一般达2000毫米以上的降水，便得全岛树木蔽日，花草丰茂，所谓四季之花常开，一年到头春色溢然。

台湾岛的物产十分丰富。肥沃的土地，充足的阳光，丰沛的降水，加上勤劳的人们，使台湾赢得了"米仓"、"水果之乡"、"森林之海"等美名，饮誉海内外。

台湾岛沿海诸景中，以野柳海岸公园、清水断崖、恒春半岛以及众多的海滨浴场最为引人。此外，台湾岛附近的诸多小岛，如澎湖列岛、琉球屿等，景色都很美丽，各有特色。

野柳风景区，位于台北市万里乡，原是个淳朴无华的天然港湾野柳村附近的一处海岸岬角，上世纪60年代初，探幽访胜的游客发现了这片神奇的海滨。这里海岸上耸立着各种奇形怪状的礁石。原因是海浪的长期冲蚀，将这里的岩石雕刻得千姿百态，有的像女王头，有的像仙女鞋，有的像海龟等等。加上野柳渔村天然的乡村风光，使这里变成一个遐迩闻名的风景区。

　　在野柳风景区内的奇石中，以"女王头"等奇石最为著名。"女王头"是屹立在野柳风景区内最为引人注目的一块奇石，它的侧面酷似一位发髻高耸、神态端庄宁静安祥、曲线极其柔和美丽、风韵无比的女王，每年"接见"着成千上万的游客。但是，二十几年来，由于游客的喜爱，来此地游览的旅行者无一不驻足细细观赏、抚摸，甚至刻写等，加上带着咸味的海风长期的吹蚀，"女王"的脖子已变得越来越细了。为此，台北市有关部门为了保护"女王头"，曾用喷雾器在女王的脖子上喷糊了一层水泥浆，但是不到3个月，水泥浆脱落风化，弄得斑斑驳驳。好像女王玉颈上围着一条破烂的围巾似的。后来，有关部门还试图在岩石中钻孔插进钢筋，终因岩石结构复杂而宣失败。自此以后，便再也不敢乱加保护措施。

　　清水断崖是台湾东部主要风景点之一，位于宜兰县清水站以南的苏花公路最险处。清水断崖，号称世界第二大断崖。其长21公里，海拔700米。它是由于海岩山地发生断裂，断裂东侧断块陷落，形成今日台湾东部为深深的海洋，而西侧断块则形成一条横亘台湾东部的巨大海岸断崖，清水断崖无疑是其最为险峻者。在我国大陆长达18000公里的海岸线上，几乎无法见到这种壮观的地貌。台湾东部的海岸断崖是我国唯一的海岸断崖景观了。

　　恒春半岛位于台湾岛的最南端，由于一年四季气温在20～28摄氏度之间，树木常绿，鲜花盛开，所以被人们称为台湾的夏威夷。

　　恒春半岛的主要景点有鹅銮鼻、恳丁海水浴场、热带树木园、猫鼻头等十几处。

　　鹅銮鼻，在台湾排湾族语言里的意思是帆船。它由中尖山脉蜿蜒南来，形成一条长达5公里、宽2公里的山脊，像一条南天巨龙盘踞在巴士海峡，把太平洋、巴士海峡和台湾海峡分割开来。鹅銮鼻又与西边的猫鼻头两个岬角组合在一起，就像台湾岛的南部两个触角，伸向汹涌的大海之中。

鹅銮鼻以其巨大的航海指示灯塔而著名。鹅銮鼻灯塔坐落在那里一个高约94米的临海小山之上，建于1883年，塔身是烟囱般的白色圆柱形建筑。塔周118米，高18米，内分四层，像一个白色巨人巍然屹立在海岸边。塔内灯光每隔10秒钟自动闪亮一次，光力可达20海里，是远东最大航海指示灯塔。

在鹅銮鼻以北不远处的香蕉湾海滨，有一巨石岿然屹立在波涛汹涌的大海之中，它高约10多米，远远望去恰似船上的风帆在迎风疾驰，故人称"风帆石"，是恒春半岛上的一处奇景。

恳丁国家公园地域宽阔，东至太平洋，西临台湾海峡，北至南仁山北，南濒巴士海峡，分划生态保护区、特别景观区、史迹保存区、游憩区及一般管制区等五个区。

园内有一座海拔300米的小山，山上突起一峰。名曰"观日峰"，是个高仅20多米的珊瑚岩礁。岩顶建有一圆形展望台，是全园的最高点。扶栏放眼，北面山峦起伏。层层叠叠；东南汪洋无际，海天一色；向西望去，广袤林海直连台湾海峡，林涛茫茫，绿浪万顷，沧海渺茫，烟波千里。

在恒春半岛还有一处胜景，这便是佳乐水。它位于恒春镇东约18公里的太平洋海边。这里是一片海岸珊瑚礁岩受风化后形成的景观奇特的岩岸，因地壳变动和海浪冲蚀而出现各种的壶穴、方格石、海蚀平台、蜂巢石、珠石等，形态千变万化。这条瑰奇的岩岸风景线长达数公里，一路所见无不令人赞叹不已。

宝岛台湾由于其得天独厚地理位置，山高水流，溪谷幽深，悬崖峻险，动植物资源十分丰富。为了保护独特的生态环境及自然资源，目前台湾已建立了四大国家自然公园。它们分别是玉山公园、太鲁阁公园、阳明山公园和垦丁公园。

玉山自然公园，方圆达10.5万多公顷，大致以玉山主峰为中心，东抵台东纵谷，西至阿里山脉，南到关山棱线。北达郡大山，是台湾岛上四大自然公园中最大的一座。

玉山公园内，群峰相连，气象万千。在主峰旁边，有一玉山高峰，海拔亦高达3940米，三面断崖，极难攀登，冬季一到，更是冰封雪飘，人迹难至。因此台湾居民对能有勇气攀登上玉山的人敬佩万分。目前，随着登山探险活动的渐渐开展，攀登玉山的人也日益增多。与玉山主峰邻近的南峰，山势较平缓些，但岩峰交错，也少有人登攀。玉山北峰和西峰，箭竹丛生，林壑幽美，树石相盘，蔚为奇观。峰与峰之间的汇水区域内，或有瀑布，或有山泉，流淌峰峦之间，在山峰之雄壮的身姿下，增添了许多生气与阴柔。其中有一水潭名为塔芬池，出露在一片青葱苍翠的草地中，湖水犹如眼白和瞳孔般形成两个同心圆，奇丽无比，有"草原眼眸"之美名。

由于海拔高，气候多变，温差大，土壤条件亦不一致，加上自然公园面积较大，故公园中树木种类繁杂，动物众多。山麓的天然阔叶林随处可见，排云山庄的白木林，更是远近闻名。全岛最高的柏树林位于玉山南峰的西坡上。站在3500多米的山巅上，俯视脚边的圆柏、玉山杜鹃等，让人惊叹其生命力的顽强。玉山的动物多达400多种，其中以台湾黑熊为最珍贵。还有一珍稀动物，叫"山椒鱼"，人称"活化石"，一般生活在3000米海拔左右的溪涧，因其是百万年前冰川时期的孑遗动物，如天目山之银杏、水杉一般，十分珍稀。

太鲁阁自然公园，位于台湾岛东部山区，以峡谷陡崖为其特征。由于强烈的造山运动，地壳持续上升，河流相应地强烈持续下切，形成了这座自然公园的"V"型峡谷。太鲁阁公园，范围为9.2万多公顷，域内多名山大岭，百岳之中有27岳即在此公园之内。

园内还有一处名叫"神秘谷"的景区。神秘谷保存了相当程度的原始风貌，溯溪而上，两崖岩石交错，树木葱茏，还有众多的蝴蝶及热带雨林景观。

阳明山自然公园位于台北地区，占地1.1万多公顷，是台湾北部火山地貌景观保存较好的自然公园。

阳明山公园受海洋性气候的影响，天气湿润温和，四季花开不败，是个赏花的好去处。春天是阳明山的花季。加上烟雨迷濛的春雨，更添花海秀色与魅力；夏季登上七星山，经常可以看台北地区的风云变幻，山上山下一派郁郁苍苍；秋天，遍山兰花随风飘曳，如银白浪涛，形成著名的"大屯秋色"；冬天，寒流过境，火山地带气温急骤下降，形成台湾难得一见的雪花纷飞的胜景。

阳明山自然公园内有三处生态保护区。保护区内有完整的原始阔叶林，林内多奇花异草，珍稀走兽飞禽，饶有原始风貌，还有兰花处处的植物栋相。在朦胧神秘的七星山梦幻湖保护区，湖边的"台湾水韭"是极富学术研究价值的稀有植物。

阳明山自然公园内。最主要的景观是大屯山、七星山、竹子出等组成的火山群体。众所周知，台湾岛地处太平洋边缘，亚欧大陆板块的东端，是一个多火山、多地震地区。这些火山虽近期并无喷发现象发生，但余热仍持续喷发。在海拔200～1200米的火山群中，由此造成了数量颇多的喷气孔和温泉。在小油坑地热区，温度达100摄氏度左右的硫磺气体终年不绝地从地下喷出，发出嘶嘶的声音和呛鼻的气味。万年前的植物久经风化以后，与绿中透黄的硫璜结晶点缀在喷气口四周。

阳明山公园内别具特色的火山风貌，使它长久以来一直在台湾享有盛名。

垦丁自然公园，位于台湾岛的最南端。它三面环海，东面太平洋，西临台湾海峡。南濒巴士海峡，面积1.7万多公顷。它的景色在前面恒春半岛中已略有介绍。这里再补充一些生态方面的景观。

生态区内。有各种各样的动物资源，包括哺乳类15种、鸟类220种、爬虫类及两栖类43种、淡水鱼类21种、蝴蝶216种以及种类稀少的昆虫。黄裳凤蝶是垦丁森林生态保护区内的特产，而且还是数量稀少的大型品种，外观华丽，极具观赏价值。

在靠近海岸线1公里的近岸海域内，236种造礁珊瑚建造了无数千姿百态的珊瑚礁，五彩缤纷的珊瑚礁鱼类，各种各样的海贝，海百合、海星、软珊瑚和藻类生活其间，形成绚丽多彩的海底景观。

台湾岛的美妙景色，自古以来就为世人所称赞，而且物产非常丰富。誉称宝岛，名副其实。

火山岛——兰屿

　　兰屿位于台东县东南约49海里，离其北的绿岛约42海里。全岛面积约40多平方公里。是由于海底火山爆发隆起堆积而成。

　　兰屿是一个火山岛，岛上以红头山为最高峰海拔548米，此外还有杀蛇山为494米、大森山480米等，山形均颇圆秀匀称，是典型的死火山形态。兰屿四周沿海，风光十分秀丽。海滩是由珊瑚礁岩组成，地貌形态千姿百态。尤其是东、南两岸，断崖陡立，曲折险峻，拍岸浪涛，雪堆涌起，景色壮观。较著名的奇石怪岩有情人洞、兵舰岩、双狮卧以及龙头岩、战车岩、红头岩、玉石岩、母鸡岩、鳄鱼头、青蛙岩、猴岩等等，均是惟妙惟肖，巧夺天工。

　　情人洞，高约50尺，洞口轮廓像是侧面看去的女王头像，四周岩石嶙峋，寸草不生。在洞穴深处，由于海浪的长期冲蚀，形成了一个深潭，澎湃的浪涛随波激起，蔚为奇观，人在情人洞中，可闻得涛声轰隆。

　　兵舰岩，由一连串的珊瑚礁组成，远远望去，外貌酷似两艘浪遏飞驰的兵舰，游人观之，无不赞叹大自然造化之神妙!空中俯瞰，更是真假难辨。相传在第二次世界大战中，盟军飞机曾误以为此兵舰岩真是日军战舰，而狂轰一番，历时4个小时，直至天光大亮才知是两块岩礁。

　　双狮卧，或称双狮岩，位于兰屿的东北角海滨上。双狮促踞，犹如一对大头狮在海边戏水亲昵，形象十分生动，更为有趣的是，在其后似乎还跟着一只小狮子呢!

　　兰屿上有一个天然的港湾，名曰"东清湾"。海湾两端礁岩陡峭，突兀于海中，然湾内则沙浅滩平，海水清澈。渔舟停泊，景色宜人。游人赞誉东清湾兼有"海涛、云絮、夕阳、渔舟"四美，极富诗情画意。

　　兰屿不仅有绮旎的自然海滨风光，还有浓厚的雅美族风情。雅美人的衣着比较特殊，男子习惯裸体，只在下部用丁字布带遮住；女子穿围裙，以红布遮住胸脯。雅美人的衣服可谓十分简朴，但其帽子却很讲究。男子喜欢戴银盔，是用银币敲扁拼成，并且世代相传，作为传家宝，上山时戴藤帽，出海时戴木块挖成的帽子。由于兰屿地处热带海洋之上，气候炎热，常年无冬，四季似夏。一年之中，约有10个月是炎夏，住房就近乎地穴。雅美人将地面下挖四五尺深，砌以石墙，盖以茅草芦苇，即成住舍。当然，这样的建筑也许在另一方面，可以起到防台风的作用。室内无被褥，吃睡会客全在一室之中。

兰屿小岛，不仅风情十分独特，而且物产异常丰富。兰屿以盛产兰花，木耳和海鲜、夜光贝壳闻名于世。岛上生长的珍贵的蝴蝶兰，是一种十分稀少而美丽的兰花，曾荣膺国际花卉比赛冠军。

据勘察，兰屿沿海有大量的热带鱼，种类繁多，五彩缤纷。有关部门将在那里兴建海底水族馆，利用玻璃潜水艇，让游人潜入海底，欣赏大自然的奇妙景色。身临其境，才能其乐无穷。

兰屿大森山上有一个终年不涸的天池，景色静美。如果天气晴朗，万里无云，在大森山顶向南眺望，菲律宾北部5个小岛都可看得清清楚楚，异国他乡，原来竟只是一水之隔。真是不看不知道，世界真奇妙！

我国第二大岛——海南岛

海南岛是我国的第二大岛，位于雷州半岛的南部，像一只雪梨，横卧在碧波万顷的南海之上。

海南岛北隔琼州海峡，与雷州半岛相望。琼州海峡宽约20公里，是海南岛和大陆间的海上"走廊"，又是北部湾和南海之间的海运通道。由于邻近大陆，加之岛内山势磅礴，所以每当天气晴朗、万里无云之时，站在雷州半岛的南部海岸遥望，海南岛便隐约可见。

海南岛的开发历史非常久远，据史书记载，远在2000多年前，海南岛就以出产珍珠、玳瑁等奇珍异物而出名。在汉武帝元封元年，就在海南岛建立珠崖、儋耳两郡。从此，海南岛正式纳入我国版图。

隋朝一统中国后。将崖州改为珠崖郡，且在海南岛的西南部新建了一个临振郡。唐朝时，在海南岛建立5个州和22个县，许多名称至今仍沿用。五代以后，战事频繁，大批汉民迁居海南岛，至宋代，大文学家苏东坡曾被谪居到海南岛。明称海南岛为琼州府。清代又将琼州府改称琼州道。因而，海南岛又有琼岛之称。

海南岛的地形，以南渡江中游为界，南北景色迥然不同。南渡江中游以北地区，和雷州半岛相仿，具有同样广宽的台地和壮丽的火山风光。据地质学家的考证，海南岛与雷州半岛本连成一片，只是到了距今一万年前以来，海面上升，海流冲刷，形成一条长达80公里、宽约2公里的琼州海峡，才使两者南北分居，隔海相望。在南渡江中游的以南地区，五指山横空出世，周围丘陵、台地和平原围绕着山地，环环相套，南部沿海，山地直逼海岸，气势十分雄伟。

海南岛，是一个四时常花，长夏无冬的地方，气候条件特殊。年平均气温在24摄氏度左右，为全国之冠。夏天由于海风吹拂，并无十分闷热灼人之感；1月份是最冷月份，但平均气温为17.2摄氏度，更是温暖如春。

海南岛之所以成为宝岛，除了丰富的地下宝藏，如石绿富铁矿和羊角岭水晶矿等，地面上还生长着几乎所有的热带作物，如橡胶、咖啡、可可、椰子、槟榔等。附近海域上鱼类群聚，可以捕捉到热带海洋中的各种鱼类，以及龙虾，对虾等，渔业资源十分丰富。

海南岛四周，海滨风光旖旎秀丽，从琼岛门口的海口市，向东分别有东寨红树林、东郊椰树林、鹿回头、天涯海角等景点，岛内还有东坡书院、琼台书院等古迹。

在海南岛北岸，沿着铺前港到东寨港10多公里长的海滩上生长着一片茫茫无边际的红树林，它像一道绿色长城一般，出没在海水之中：当潮水上涨时，海滩被海水淹没，树干浸泡在水中，只有茂密的树冠飘浮在海面上；退潮后，泥泞的树干露出海面，盘根错节，好像一片原始森林，因而有海上森林或海底森林的美誉。这就是著名的海南岛东寨红树林。

红树林并非是一种红色的树木，它四周常青，终年碧绿。这里的红树林主要有红树、秋茄树等品种。人们初见红树林时，只见红树的支柱根十分粗大，纵横拱形交叉在一起，直插在泥土里。这些支根不仅能支撑树冠，而且本身亦能吸收氧气。支柱根的表皮有皮孔，里面有相互能联的孔隙。红树的地下根通过气生根得到正常的气体交换，而不致于在淤泥中窒息死亡。因此，红树林特别适宜于海湾泥滩上生长，它以特殊的适应性和极强的生命力，扎根在海滩之上，像一道紧密坚固的海绿色城墙，保护着海岸免遭冲刷侵蚀。

红树林最有意思的是其繁殖方式。大多数植物的种子只有在脱离母体后埋入土中才会生根发芽，而红树林则不同，它不是在淤泥滩上生根发芽，而是在母体上就开始萌芽，长成一株株棒状幼苗吊在树上，等到发育成熟，才从树上掉下来，插入泥土中，几小时后，上边发出新芽，下边扎下根，一棵红树苗就开始生长了。否则，红树的种子光埋在淤泥里生长的话，早被窒息而死了。如果红树种子掉下来时，正值涨潮，种子掉在水面上，就随水四处漂泊了。一般的红树种子能在海水中浸泡4个月而不致于失却生存力，因此，借着极强的生命力和海水的流动。红树可远涉重洋，在异国他乡生长发育。

在海南岛的所有地方，都生长着各种椰子树。海南岛的东海岸椰子树生长得比西海岸好些，自文昌县到崖县数百公里的海岸带上，椰林无边无际，郁郁苍苍，十分壮观。尤其是有"椰子之乡"之称的文昌县境内的东郊椰林，更是海南岛椰林中的佼佼者。

在海南岛的热带作物中，以椰子树和橡胶树为主，其它还有油棕、槟榔、海岛棉、腰果等。文昌县的农民根据热带作物的不同习性，进行立体种植，分层栽种：在最高层的是甜葡，果实若小灯笼一样，挂满枝头；往下一层是可可和咖啡，最下一层是草本作物，有南芋、芝芋草等，当然椰子树是最高层的作物，它与甜果等植物给底层植物遮荫，底层植物给椰树保水，保肥、保土，互为利用，充分地发挥各种植物的特点和长处。

东山岭山势并不高险，然而景物奇特多姿，素享"海南第一山"之美名。从东山岭东瞰，有一海滨泻湖，宛若一面明镜，镶嵌在南海沿岸海滨，人称"中国第一大泻湖"。这就是小海，它是一个巨大的海边湖泊，有通道与大海沟通。

鹿回头在崖县三亚港南约5公里处。这里有一座山岭拔地而起，雄伟峻峭，气势非凡，因貌似一头金鹿伫立在海边回首观望，故得名"鹿回头"。

在鹿回头的东侧，有大小两个海湾，大者名曰"大东海"，小者名曰"小东海"。沙滩柔软，洁白细腻，海水清澈明静，一年四季，昼夜晨昏，男女老少，均可去畅游一番。

牙龙湾前几年还名不见传，如今以其得天独厚的自然风光，以东方夏威夷的美名，饮誉中外。

牙龙弯位于三亚市东边约30公里处，这里背依山峦，面临大海，海碧天澄，沙鸥翔集。海湾内风平浪静，十分适宜于海水游泳。

　　天涯海角，面向三亚湾，海滩之上，奇石累累，散布在数千米之长的海滩上。其中有一浑圆巨石上，刻着"天涯"两字，在其旁一块卧石之上，又镌有"海角"两字，构成天涯海角旅游区的主体。二石之左，拔地而起一石柱，大有擎天之势，上刻有"南天一柱"四个大字。适逢潮水涨来，海浪拍击着礁石，溅起层层浪花，发出轰轰响声，人们到此，确有到了天涯海角的感觉，别有情趣。

◎ 爱我海洋 ◎

　　21世纪是走向海洋的世纪。走向海洋就要
保护海洋，合理开发海洋。
　　让我们热爱生命、热爱海洋，与大自然和
谐相处，开辟新的生存空间吧!

防止海洋污染

近几十年，工农业生产突飞猛进，给人类创造了美好的生活。但是，一个新的严重的社会问题——环境污染，在悄悄的滋生和蔓延。

别以为污染只是发生在高空中、陆地上，要知道，它最终都要归到海洋中去的。

因为海洋处于生物圈的最低部位，"千条江河归大海"，高空中、陆地上所有污染物，迟早都将归人大海。大海只能接纳污染，而无能把污染转嫁别处，它是全球污染的集中地。

海洋又是彼此相通的，任何一处污染，危害的是整个人类，只是程度不同罢了。

人们总以为广阔无垠的海洋，倒入三五吨有毒物质，扩散稀释之后，啥关系也没有。哪里知道，世界上有那么多国家，那么多工厂，那么多人口，如果大家都把海洋当作废水站、垃圾库，毫无节制地往里面放废水、扔垃圾，终有一天，蓝色的海洋将成为黑海死洋。

富饶的海洋，连虾米、海藻也会死尽灭绝。

保护海洋生态环境

海洋污染，主要来自战争的破坏，和工农业生产本身，概括起来，在以下几个方面：

第一，重金属污染。有工农业生产中，汞、镉、铜、铅、砷等重金属的用途越来越广，因而对海洋的污染也越来越严重。在海洋化学资源开发中，常使用一些吸附剂，如硫酸铅、方铅矿、碱式碳酸锌等，对铀有很好的吸附作用，可是这些吸附剂都含有重金属，排入海中，造成重金属污染。据计算，全世界每年进入海洋的汞5000吨。铜25万吨，铅35万吨。这些重金属被鱼贝类蓄积到体内，人吃以后能直接造成危害。

日本一家化工厂，从1908年以来就往海里排出无机汞，经海水扩散稀释，浓度大大降低，鱼儿照样活得自在，似乎一点关系也没有。时间一久，无机汞变成有机汞，毒性就发挥作用了。那里的人长期食用含有机汞的鱼。因而患上中枢神经中毒症。开始病人步履艰难，口齿不清，神情呆痴，接着耳聋眼瞎，四肢抽筋，惨叫而死。这就是闻名世界的"水俣病"，死于此病的已逾千人。

第二，石油污染。据计算，全年因各种原因流入海洋的石油竟达1000～2000万吨。1967年英吉利海峡因油船触礁，流出11.6万吨石油，1974年日本濑户内海的小岛流出6.4万吨石油。1991年海湾战争中，伊拉克打开闸门流出1100万桶原油，严重污染了波斯湾水域，翅膀被油污染而不能飞翔的海鸟接连不断地大量死去。前苏联每年排入海的石油上百万吨，致使那里的梭鱼几乎绝迹，鲟鱼每年递减500万公斤。我国大连湾，因石油污染，而使5000亩滩涂被废弃，7个养鸡场只剩下一个。

大家知道石油中含有微量致癌物质，人们食用了被石油污染的鱿类、贝类，将严重损害身体健康，甚至染上食道癌、胃癌而痛苦地死去。

一吨石油进入海洋后，会使1200公顷的海面覆盖一层油膜。这些油膜阻碍大气与海水之间的交换，减弱太阳能辐射透入海水的能力，影响浮游植物的光合作用。石油污染还会干扰海洋生物的摄食、繁殖和生长，使生物分布发生变化，破坏生态平衡。鱼类对石油污染十分敏感，只要嗅到一点点气味，立即远离污染区，洄游鱼类马上改变线路，鱼类的生活圈稍有变更，便影响繁殖，甚至大批死亡。石油对鱼卵和幼鱼杀伤力更大，一滴油污，可使一大片幼鱼全部死去。孵出的鱼苗嗅到油味，只能活一两天。一次大的石油污染事件，会引起大面积海域严重缺氧，使海水中所有生物都面临死亡的威胁。严重的油污，将使整个海区变成生物灭绝的死海。海湾战争中几乎整个波斯湾水域，都蒙上一层厚厚的油膜，而且不断向外海扩散加大，受害面积是整个伊拉克和科威特土地面积的成百上千倍。要完全消除这里的浮油污染。估计得花50亿美元，10年时间。

陆地上的生活污水，工农业生产的废水，每天有成千上万吨沿着下水道流进大海，其中含有大量粪便、食物残渣和其他有机物质，经过分解形成过剩的盐类，往往会促使藻类急剧繁殖，海水出现"赤潮"现象，赤潮使生物大量死亡，尸体分解消耗水中的溶解氧，又造成鱼贝的窒息死亡。如1976年美国纽约州的河口区，在14000平方公里的海域，因三角藻赤潮而使死鱼漂满海面。

第三，农药污染和放射性污染。今天的农业生产少不得使用农药化肥，这两样东西特别是农药对水和空气的污染都是严重的，农药可以毒死害虫，也可以毒死青蛙之类害虫的天敌。大家知道，害虫的繁殖能力是惊人的，没有了青蛙之类的天敌，它繁殖得更快，所以农药一年年增多，害虫则一年年猖獗，污染就一年年加重。农药中含的有机磷、有机氯等，毒性都很强。农药撒在农田里，一场大雨过后，其中的一部分便流进江河之

中，江河千万条，条条注入海。污染物通过食物链不断聚集，造成的危害是惊人的。

什么是食物链?有句谚语说："大鱼吃小鱼，小鱼吃虾米，虾米吃污泥。"这便是食物链的通俗解释。海面上的微型植物利用太阳能将溶解在水中的各种化学营养物质合成有机物质，使自己发育成长。微型动物就以微型植物为食，中型动物又以微型动物为食，大型动物又以中型动物为食，人又以各类动物为食，人的粪便又作了微型植物的肥料。这样就形成了一个链环，这就叫做食物链。

农药注入海洋，原本稀释无碍，但经食物链的富集，危害就大了。举个例来说，散布在大气中的滴滴涕的浓度，原本仅为0.000003毫克／升，一旦降落到海水中，为浮生物所吞食，其体内就富集到0.04毫克／升，增大1.3万倍。小鱼吃了这种含毒的浮游生物后，体内的滴滴涕的浓度可达0.5毫克／升，又增大14.3万倍，大鱼吃小鱼就变成2毫克／升，再增大57.2万倍，人若吃了这样的大鱼，体内富集度是原来的1000万倍，这便对人体造成极大的危害。滴滴涕在人体内积蓄，可以引起肝癌，有机磷能破坏人体酶，使人产生神经性中毒，人体内100克血液中含铅量超过80微克，人就会抬不起头，伸不开手指，甚至胡言乱语，寻死觅活。

放射性污染来自核武器试验，来自核动力潜艇，来自各种原子能设施，那些放射性废物，无论散在空间或地上，终将归入大海，一旦辗转进入了人体，白血球就要增多，癌细胞便乘势发展，人就被死神捕捉住了。

自从上世纪50年代美苏等国开始装备核武器以来，仅发生在海洋中的核潜艇事故就多达200余起。据估计，各国在海洋中抛掉的核反应堆至少有10座，核弹头至少有50枚之多，这些无法打捞、长眠海底的核武器的装置，暂时虽然不会爆炸，紧紧地关闭着，但终有一天，放射性物质会漏出来，它的破坏力到底多大，还难于预测。

海洋如同一个社会，各种生物之间，生物与环境之间都是相互依赖，相互制约的。在正常情况下，它是平衡稳定的生态系统。一旦污染增大，超过了它自身净化能力的极限，平衡就要被打破，灾难就要降临到人间。

海洋污染是一个世界性问题。一个国家的海域污染了，必然向公海和其他国家的海域扩展，就是说污染既可以由国外"进口"，又可以向国外"出口"。而且"进口"、"出口"都十分自由，免收关税，免办手续。

试想想，海湾战争所造成的空前的石油大污染，给全人类带来了多大的损失！因此，保护海洋环境已成为一个世界性的问题了。现在许多国家利用自动分析仪和自动探测仪以及电子计算机进行污染的监测工作，有的还以法令形式规定大型工厂、企业增添排污净化设备，采取切实有效的措施，防止污染。

发展海水养殖业

　　大海是个聚宝盆，盆上盆下都是宝，有计划的开发海洋，是全人类的共同使命。为了全人类的共同利益，我们应该保护海洋资源。海洋绝大部分是公海，是全人类的共同财富，不允许某几个国家私分私占，也不允许污染海洋。破坏海洋资源的开发。

　　人们常说海洋中有取之不尽、用之不竭的生物资源，似乎只要投入更多人力、改进捕捞采撷的工具，便可以增加产量。海洋生物资源的确很富有，但如果超过了可补充资源这个极限，就会受到破坏。"杀鸡取卵，后必无卵；竭泽而渔，后必无鱼"，就是这个道理。事实上上世纪70年代以来，世界各国捕鱼船的吨位成倍增加，而产鱼却始终徘徊在6000多万吨的水平上，现在还有下降的趋势。特别是像鲸这一类生物，如果不加控制地继续打捞下去，将有灭绝的危险。

　　所以保护海洋资源，发展海水养殖业是世界各国共同的任务。它是一项新兴产业，对今后海洋水产业的发展起着越来越重要的作用。有的科学家把它称为海洋生物资源开发利用的一次革命。只有发展海水养殖业，用现代科学技术研究和平发展生物资源，才能旷日持久地达到稳产、高产的目的。

　　发展海水养殖有很多优点：

　　第一、可以提高海洋生物的成活率。以鱼类为例，鱼从排卵、受精、孵化、发育到幼鱼，由于自然条件恶劣，成活率低得可怜，一尾雌鲽一次排卵可达13000万粒。只有0.002%成为仔鱼。如果人工养殖，改善环境，成活率可以增加数百倍。

　　第二、可以主动选取品种好的、生长快的、产量多的、营养丰富的好品种养殖，优胜劣汰，由人来控制，让海洋为我所用。

　　第三、采用增殖、养殖相结合的方法，既可以充分利用从海面到海底的空间，又可以使用饵料、肥料，更便于科学管理，可以提高单位面积的产量。

这样看来，发展海水养殖业是一件大事，一件非办不可的十分有意义的大事。

走向海洋

人类已经开始把注意力转移到海洋中来了，龙潭取宝的努力开始了。但这仅仅是开始，目前海洋经济的产值只占世界经济总产值的5%左右，这是一个极小的数字。人类早就享受着渔盐之利和舟楫之便，而真正开发海洋，科学的利用海洋资源，则是近几十年的事，还处于幼年阶段。然而，近十几年的发展势头，向全人类展示了一幅宏伟壮丽的图景。

据统计，全世界海洋经济产值，1975年为1100～1200亿美元，1980年为2500～2800亿美元，年平均增长17%。照这个势头发展下去，21世纪，达到3～4万亿美元。到那时，世界将进入"海洋经济"的时代，海洋将成为人的生产活动的重要场所。到那时，每年将从海底取出820万吨锰，65万吨铜，77万吨镍，30亿吨石油。每年将从海水中提取70万吨溴，1000万吨镁，1000吨铀，1.2亿吨鱼。每年将利用海洋能发电5000万千瓦。到那时，海上工厂、海上公园、海上游乐场，海上飞机场、海上发电站、海上城市将遍布四大洋。到那时，机器人将取代人的大部分劳动。

大家知道，水下作业是十分艰难的，起用机器人是一个好办法。机器人是美国1961年研制成功的，那只是靠人操纵的操纵型机器人。以后德国、法国、日本、瑞典都相继制造了许多机器人。到70年代，发展成为装有电脑、能按程序重复作业的自动型机器人。今天已经制造出能够模拟人类，从感觉外界到处理、加工信息的全套本领的智能型机器人。起用智能型机器人到深海作业，既安全可靠，又能加快开发速度。

到那时，人们将利用一种新的能源发电，那时的发电厂，不烧煤，不烧油，也不需要铀，其能量之大，是过去所不能想象的。

太阳为什么能长期源源不断地发热发光?因为太阳中的重氢这类元素在超高温的特定条件下，两个原子核发生聚变反应，形成一个较重的新原子核，同时释放出巨大的能量来，这种能量比铀原子核的核裂变时所产生的能量还要大得多。科学家根据这一原理制造了氢弹。

如果把氢弹所产生的能量用来发电，人们估计，1克重氢，经聚变产生的能量，相当于10万千瓦小时的电能。

从海水中提取重氢，每立方米海水可以达到33克。大家想想：整个海洋的能量将是多少，未来的电能真是取之不尽，用之不竭。

另外，科学家预测，到21世纪中期，人类从海洋农场、海洋牧场获得的高蛋白，将比现在陆地上全部产量要多几倍。海水中的稀有金属元素有几十种，整个数量大得很，只是因为稀释于海水之中，提炼非常困难。21世纪，生物学家将培植一种特殊海草，它可以把海水中的稀有金属富集起来，收割海草去提炼，那将比掘地挖矿方便得多。所得到的产量，足以使全球男女老少都富裕起来。

21世纪是走向海洋的世纪。走向海洋就要保护海洋，合理开发海洋。辽阔的海洋，富饶的海洋，在等待着青少年朋友去建设，去开发。

海洋是生命的温床，是文明的摇篮，珍视海洋就是珍视宝贵的生命，热爱海洋就是热爱人类的故乡。让我们热爱海洋，与大自然和谐相处，开辟新的生存空间吧!

参 考 书 目

《科学家谈二十一世纪》，上海少年儿童出版社，1959年版。

《论地震》，地质出版社，1977年版。

《地球的故事》，上海教育出版社，1982年版。

《博物记趣》，学林出版社，1985年版。

《植物之谜》，文汇出版社，1988年版。

《气候探奇》，上海教育出版社，1989年版。

《亚洲腹地探险11年》，新疆人民出版社，1992年版。

《中国名湖》，文汇出版社，1993年版。

《大自然情思》，海峡文艺出版社，1994年版。

《自然美景随笔》，湖北人民出版社，1994年版。

《世界名水》，长春出版社，1995年版。

《名家笔下的草木虫鱼》，中国国际广播出版社，1995年版。

《名家笔下的风花雪月》，中国国际广播出版社，1995年版。

《中国的自然保护区》，商务印书馆，1995年版。

《沙埋和阗废墟记》，新疆美术摄影出版社，1994年版。

《SOS——地球在呼喊》，中国华侨出版社，1995年版。

《中国的海洋》，商务印书馆，1995年版。

《动物趣话》，东方出版中心，1996年版。

《生态智慧论》，中国社会科学出版社，1996年版。

《万物和谐地球村》，上海科学普及出版社，1996年版。

《濒临失衡的地球》，中央编译出版社，1997年版。

《环境的思想》，中央编译出版社，1997年版。

《绿色经典文库》，吉林人民出版社，1997年版。

《诊断地球》，花城出版社，1997年版。

《罗布泊探秘》，新疆人民出版社，1997年版。

《生态与农业》，浙江教育出版社，1997年版。

《地球的昨天》，海燕出版社，1997年版。

《未来的生存空间》，上海三联书店，1998年版。

《宇宙波澜》，三联书店，1998年版。

《剑桥文丛》，江苏人民出版社，1998年版。

《穿过地平线》，百花文艺出版社，1998年版。

《看风云舒卷》，百花文艺出版社，1998年版。

《达尔文环球旅行记》，黑龙江人民出版社，1998年版。